Das Buch der 555-Timer-Projekte

Über 45 Projekte für den legendären 555 Chip
(und die 556, 558 Varianten)

Dr. Dogan Ibrahim

elektor
design > share > earn

1. Auflage 2025

ISBN 978-3-89576-624-4 Print
ISBN 978-3-89576-625-1 eBook

Satz und Aufmachung: D-Vision, Julian van den Berg | Oss (NL)
Übersetzung: Dr. Gunter Spanner
Druck: Ipskamp Printing, Enschede (NL)

Elektor Verlag GmbH, Aachen
www.elektor.de

Inhaltsverzeichnis

Vorwort **8**

Kapitel 1 • Einführung **10**

1.1 Überblick 10

1.2 Die verschiedenen Varianten des 555 Timer Chips. 10

1.3 555-Timer-Chip Spezifikationen. 10

1.3.1 Der NE555P Chip 11

Kapitel 2 • Betrieb des 555-Timer-Chips **13**

2.1 Block Diagramm 13

2.2 Astabiler Betrieb 13

2.2.1 Benutzung eines Nomograms. 16

2.2.2 Online-Rechner für den astabilen Betrieb des 555. 17

2.2.3 Astabiler Schaltkreis mit einem Tastgrad von weniger als 50 % 19

2.2.4 Astabiler Schaltkreis mit einem einstellbaren Tastgrad von 0 % bis 100 % 21

2.2.5 Komponentenwerte für variable Frequenz- und Tastgradbereiche 22

2.2.6 Ein einfacherer Schaltkreis für einen Tastgrad von 50 % 24

2.3 Monostabiler Betrieb 26

2.3.1 Verwendung eines Nomogramms 27

2.3.2 Online-Rechner für Monostabile 555 Schaltungen. 28

2.4 Bistabile Schaltung Betriebsweise 28

2.4.1 Verwendung des Reset-Eingangs 29

2.4.2 Verwendung der Pins 2 und 6. 29

2.5 Online-Rechnerprogramm zum Entwerfen von astabilen und monostabilen Schaltungen 30

2.6 Ausgangsstrom des 555 Timers. 30

2.7 Steuerung größerer Lasten 30

2.7.1 Verwendung von Bipolartransistoren 30

2.7.2 Verwendung eines MOSFET-Transistors 31

2.7.3 Verwendung eines Relais 31

Kapitel 3 • 555-Timer-Projekte **33**

3.1 Überblick 33

3.2 Projekt 1: Blinkende LED 33

3.3 Projekt 2: Polizei-Blinker - Abwechselnd blinkende LEDs. 36
3.4 Projekt 3: Ändern der LED-Blitzrate 38
3.5 Projekt 4: Ändern der LED-Helligkeit 39
3.6 Projekt 5: Touch-Sensor als Ein/Aus-Schalter 42
3.7 Projekt 6: Drucktaster Ein/Aus-Schalter 44
3.8 Projekt 7: Abschaltverzögerung. 45
3.9 Project 8: Switch-On Delay. 47
3.10 Projekt 9: Lichtabhängiger Klang 48
3.11 Projekt 10: Dunkelheitssensor. 51
3.12 Projekt 11: Lichtsensor. 53
3.13 Projekt 12: Astabiler Frequenzgenerator. 54
3.14 Projekt 13: Ton-Burstgenerator 56
3.15 Projekt 14: Schalter für Schubladen-/Schrankbeleuchtung 58
3.16 Projekt 15: Langzeit-Timer mit Dezimalzähler 60
3.17 Projekt 16: Langzeit-Timer mit Binärzähler 63
3.18 Projekt 17: LEDs Lauflicht. 64
3.19 Projekt 18: LED-Roulette-Spiel 67
3.20 Projekt 19: Einfache Ampelsteuerung. 69
3.21 Projekt 20: Professionelle Ampelsteuerung 72
3.22 Projekt 21: Sinusgenerator 73
3.23 Projekt 22: Durchgangsprüfer 76
3.24 Projekt 23: Einfacher Logikprüfer. 77
3.25 Projekt 24: Elektronisches Schloss — Bistabiler Modus 79
3.26 Projekt 25: Elektronisches Schloss — Monostabiler Modus 81
3.27 Projekt 26: Verlängerung der Monostabilen Pulsdauer — „Retriggering" 82
3.28 Projekt 27: Entprellung von Schaltkontakten. 84
3.29 Projekt 28: Schmitt-Trigger-Schaltung 85
3.30 Projekt 29: Monophone elektronische Spielzeug-Orgel. 87
3.31 Projekt 30: Elektronische Acht-Ton-Orgel.. 90
3.32 Projekt 31: Mehrsensor-Alarmkreis 92
3.33 Projekt 32: Monostabil mit wählbaren Dauern 94
3.34 Projekt 33: Elektronisches Metronom 96

3.35 DC-Spannungsvervielfacher 98
3.35.1 Projekt 34: DC-Spannungsverdoppler 98
3.35.2 Projekt 35: DC-Spannungsverdreifacher 100
3.35.3 Projekt 36: DC-Spannungsverdoppler 100
3.36 Projekt 37: 7-Segment-LED-Zähler 101
3.37 Projekt 38: 2-stelliger 7-Segment-LED-Zähler 106
3.38 Projekt 39: LED-Würfel 107
3.39 Projekt 40: 7-Segment-LED-Würfel 109
3.40 Projekt 41: DC-Motorsteuerung 112
3.41 Projekt 42: Steuerung des Servomotors 116
3.42 Projekt 43: Temperatur-Alarm-Schaltung 118
3.43 Projekt 44: Temperaturregler 120
3.44 Projekt 45: H-Brücken-Steuerung für Gleichstrommotor 122
3.45 Projekt 46: „Schnellster Finger zuerst" - Quiz-Schaltung für zwei Teilnehmer . . . 124
3.46 Projekt 47: „Schnellster Finger zuerst" - Quiz-Schaltung - Sechs Teilnehmer in drei Gruppen 126
3.47 Verwendung des Steuerpins des 555-Timers 127
3.47.1 Projekt 48: Spannungsgesteuerter Oszillator 128
3.47.2 Projekt 49: Einfache britische Polizeisirene 130
3.48 Projekt 50: Aufwendigere britische Polizeisirene 131
Kapitel 4 • 556 und 558 Timer ICs 134
4.1 Übersicht 134
4.2 Der 556-Timer-IC 134
4.3 Der 558-Timer-IC 134
Kapitel 5 • Die CMOS-Version des 555 Timer 138
5.1 Übersicht 138
5.2 Der LMC555 CMOS-Timer 138
Kapitel 6 • Liste der in den Projekten verwendeten Bauteile 140
APPENDIX • Bibliographie 142
Index 143

Vorwort

Der 555-Timer-IC, ursprünglich von Signetics um 1971 eingeführt, ist vielleicht einer der beliebtesten analogen integrierten Schaltkreise, die jemals produziert wurden. Ursprünglich als „IC Time Machine" bezeichnet, wurde dieser Chip in zahlreichen Timer- und Oszillatorprojekten von unzähligen Menschen über Jahrzehnte hinweg verwendet. Der Chip ermöglicht ein sehr kostengünstiges Design von monostabilen, astabilen und bistabilen Schaltungen mit nur wenigen externen passiven Komponenten wie Widerständen und einem Kondensator. Zusätzliche Anschlüsse sind für externes Triggern oder Zurücksetzen des Chips vorgesehen.

Seit seiner Markteinführung wurden viele neuartige und einzigartige kommerzielle, industrielle und häusliche Schaltungen entwickelt, die diesen Chip verwenden. Der 555-Timer-Chip wurde ursprünglich mit der Technologie von bipolaren Transistoren entworfen. Interessanterweise ist der 555-Chip nach etwa 50 Jahren immer noch sehr beliebt und wird in vielen Anwendungen verwendet, obwohl die CMOS-Versionen in tragbaren, stromsparenden Anwendungen scheinbar beliebter sind.

Im Laufe der Jahre wurden Ableitungen des grundlegenden 555-Timer-Chips produziert. Der 556 integriert zwei Timer-Schaltungen, während der 558 vier davon in einem Gehäuse bereitstellt. Im Jahr 2017 wurde berichtet, dass jährlich über eine Milliarde 555-Timer-Chips produziert wurden. Dadurch ist er als der beliebteste IC bekannt, der jemals produziert wurde. Der Chip wurde von vielen bekannten Chip-Herstellern wie Intel, Texas Instruments, Signetics, Raytheon, STMicroelectronics und anderen hergestellt.

Ursprünglich dachte man, dass der Teilname „555" daher rührt, dass im Chip drei 5-kΩ-Widerstände verwendet werden. Die ursprünglichen Hersteller erklärten jedoch, dass die Teilenummer 555 willkürlich gewählt wurde und die Tatsache, dass der Chip drei 5-kΩ-interne Widerstände hatte, ein Zufall war.

Dieses Buch handelt vom Design von Projekten, die auf dem 555-Timer-IC basieren. Über 45 vollständig getestete und dokumentierte Projekte werden in diesem Buch vorgestellt. Alle Projekte wurden vom Autor vollständig getestet, indem er sie einzeln auf einem kleinen Breadboard aufgebaut hat. Leser müssen keine Programmiererfahrung haben, um die im Buch gegebenen Projekte zu konstruieren oder zu verwenden. Es ist jedoch hilfreich, wenn Grundkenntnisse in der Elektronik und der Verwendung eines Breadboards zur Konstruktion und Testung elektronischer Schaltungen vorhanden sind. Für jedes Projekt im Buch sind die folgenden Unterüberschriften angegeben:

- Titel des Projekts
- Blockdiagramm
- Design
- Schaltplan
- Fritzing-Diagramm (wenn möglich)
- Konstruktionsdetails
- Testverfahren

Die im Buch vorgestellten Projekte können von den Lesern für ihre eigenen Anwendungen modifiziert oder erweitert werden. Studierende der Elektroniktechnik sollten die Projekte besonders nützlich finden, insbesondere bei der Entwicklung ihrer Abschlussprojekte und in ihrer Laborarbeit. Darüber hinaus sollten Personen, die sich mit der Gestaltung kleiner elektronischer Schaltungen beschäftigen, und Elektronik-Hobbyisten die Projekte als unterhaltsam, lehrreich, interessant und nützlich empfinden.

Der Autor hofft, dass die Leser die Projekte im Buch motivierend und vorteilhaft finden und dass sie einen 555-Timer-IC in ihren zukünftigen Projekten verwenden.

Dr. Dogan Ibrahim

Kapitel 1 • Einführung

1.1 Überblick

Der 555-Timer-IC, um 1971 von der Signetics Corporation eingeführt, zählt zweifellos zu den beliebtesten analogen integrierten Schaltkreisen, die je produziert wurden. Ursprünglich als „IC-Zeitmaschine" bezeichnet, wurde dieser Chip über Jahrzehnte hinweg in zahlreichen zeitbezogenen Projekten eingesetzt. Der Chip ermöglicht kostengünstige Designs von monostabilen, astabilen und bistabilen Schaltungen unter Verwendung nur weniger externer passiver Bauelemente wie Widerstände und Kondensatoren. Zusätzliche Anschlüsse stehen für das Auslösen oder Zurücksetzen zur Verfügung. Seit seiner Markteinführung wurden viele neuartige und einzigartige Schaltungen für den kommerziellen, industriellen und privaten Einsatz mit diesem Chip entwickelt. Interessanterweise ist der originale 555-Chip auch nach rund 50 Jahren immer noch sehr beliebt und wird in vielen Anwendungen eingesetzt, obwohl die CMOS-Versionen in tragbaren, stromsparenden Anwendungen populärer zu sein scheinen.

1.2 Die verschiedenen Varianten des 555-Timer-Chips

Wie in Tabelle 1.1 gezeigt, ist der 555-Chip von vielen Herstellern unter verschiedenen Typencodes mit anderen vorangestellten Buchstaben erhältlich, die in der Regel den Hersteller identifizieren. Obwohl all diese Chips unterschiedliche Bezeichnungen haben, ist ihre Funktionsweise identisch. Die Gehäuse sowie einige elektrische und thermische Spezifikationen können sich jedoch leicht voneinander unterscheiden.

Hersteller	Type Bezeichnung	Technologie
Fairchild	NE555	Bipolar
Harris Semiconductor	ICM7555IPA	CMOS
Intersil	NE555 / SE555	Bipolar
National	LM555C / LM1455	Bipolar / CMOS
RCA	CA555CE	Bipolar
Texas Instruments	NE555P / NE555Y / SA555 / SE555 / SE555C	Bipolar
Texas Instruments	LMC555	CMOS
Motorola	MC1455 / MC1555	Bipolar / military
STMicroelectronics	TS555	CMOS

Table 1.1: Chips des Typs 555 von verschiedenen Herstellern

1.3 555 Timer Chip Spezifikationen

Dieses Buch behandelt den beliebten bipolaren NE555P-Chip, dessen Spezifikationen in diesem Abschnitt als Referenz angegeben sind.

1.3.1 Der NE555P Chip

Bitte konsultieren Sie die folgende Internetseite für weitere Informationen:

https://www.ti.com/product/NE555/part-details/NE555P

Leistungsmerkmale

- Zeitsteuerung von Mikrosekunden bis Stunden
- Astabile, monostabile oder bistabile Betriebsweise
- Einstellbares Tastverhältnis
- Ausgang kann hohe Ströme aufnehmen oder liefern
- Hervorragende Temperaturstabilität
- 8-Pin-Gehäuse

Spezifikationen

Die grundlegenden Spezifikationen des NE555P-Timer-Chips sind:

- Betriebsspannung: 4,5 V bis 16 V
- Ausgang TTL-kompatibel bei 5 V Betriebsspannung
- Versorgungsstrom: typischerweise 3 mA bei 5 V
- Ausgang kann 200 mA bei 15 V Versorgung aufnehmen oder liefern
- Monostabile Genauigkeit: 1 %
- Monostabile Drift mit Temperatur: 50 ppm/°C
- Astabile Genauigkeit: 2,25 %
- Astabile Drift mit Temperatur: 150 ppm/°C
- Reset-Spannung: maximal 1 V
- Trigger-Spannung: typischerweise 1,67 V bei 5 V Betriebsspannung
- Ausgangsspannung LOW:
  maximal 200 mV bei 4,5 V Versorgung, 180 mV bei 15 V Versorgung
- Ausgangsspannung HIGH:
  Versorgungsspannung – 2,5 V bei 200 mA Strom und 15 V Versorgung;
  Versorgungsspannung – 0,25 V bei 5 mA Senkstrom und 5 V Versorgung

Pinbelegung

Der 555-Chip wird üblicherweise in einem 8-Pin-Plastik-DIP (Dual-In-Line Package) geliefert. Je nach Hersteller besteht er aus 23 Transistoren, 2 Dioden und 16 Widerständen. Eine 14-Pin-Dual-Version des Chips, genannt „556“, kombiniert zwei 555-Chips auf einem Chip. Abbildung 1.1 zeigt die interne Struktur des NE555P-Timer-Chips. Die Pinbelegung ist in Abbildung 1.2 dargestellt.

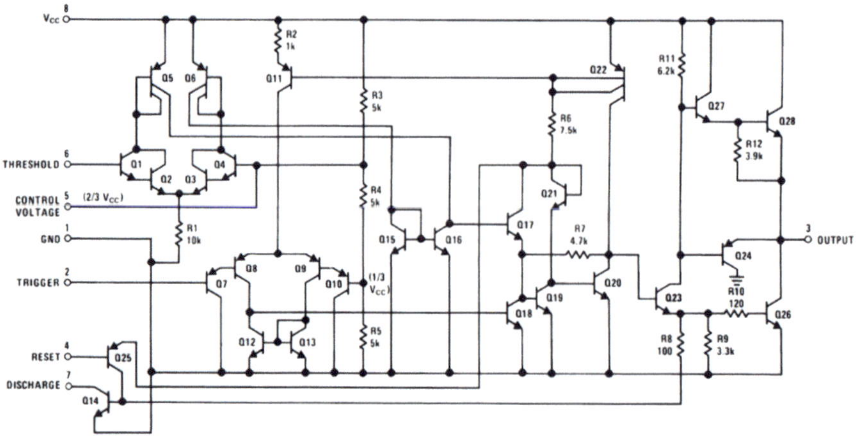

Abbildung 1.1: Interne Struktur des NE555P Timer Chips.

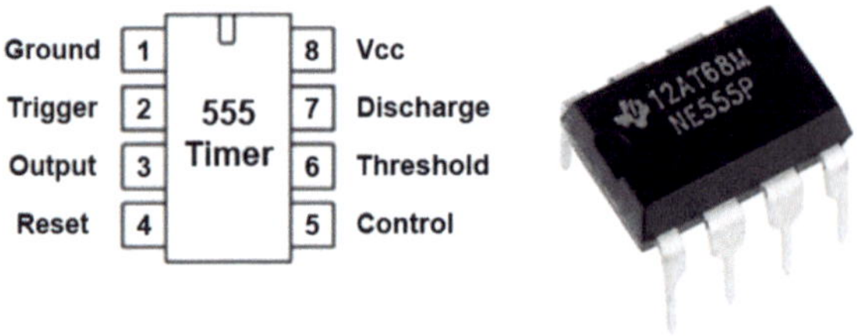

Abbildung 1.2: NE555P Timer Chip Pinout.

Pin-Namen und Funktionen:

Pin	Name	Funktion
1	GND	Eingang
2	Trigger	Eingang
3	Ausgang	Ausgang
4	Reset	Eingang
5	Control	Eingang
6	Threshold	Eingang
7	Discharge	Eingang
8	VCC	Eingang

Kapitel 2 • Betrieb des 555-Timer-Chips

2.1 Block Diagramm

Um die Funktionsweise des 555-Timer-Chips zu verstehen, ist es am besten, wenn man das Blockdiagramm wie in Abbildung 2.1 gezeigt betrachtet.

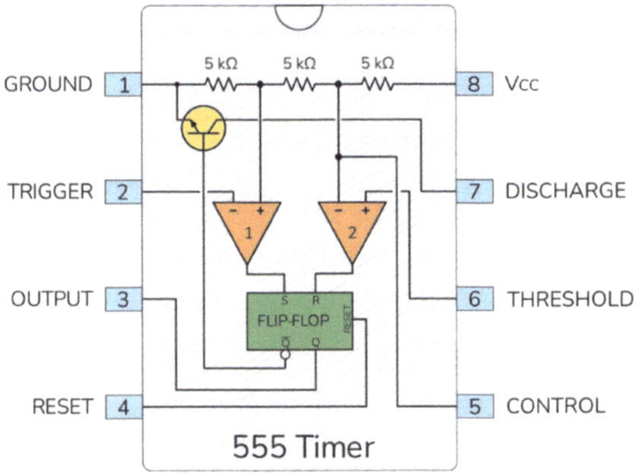

Abbildung 2.1: Internes Blockdiagramm des 555-Timer-Chips.
Quelle: build-electronic-circuits.com.

Das Blockdiagramm besteht aus zwei Komparator-Schaltungen, einem SR-Flip-Flop, einem Transistor und drei Widerständen.

2.2 Astabiler Betrieb

Ein astabiler Schaltkreis gibt Rechtecksignale mit einer Frequenz aus, die durch zwei externe Widerstände und einen Kondensator festgelegt wird. Vielleicht ist der einfachste Weg, die Funktionsweise eines astabilen Schaltkreises zu verstehen, die externen Komponenten in Abbildung 2.1 einzufügen und dann den Schaltkreis zu analysieren.

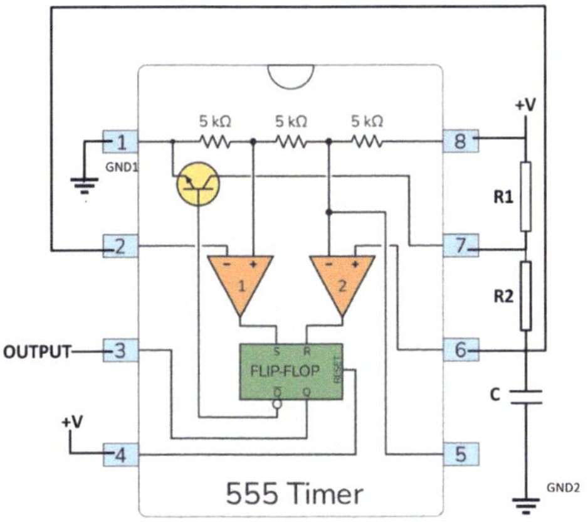

Abbildung 2.2: Grundlegender astabiler Schaltkreis.

Aufgrund der drei identischen Widerstände liegt die Spannung am positiven Eingang des Komparators 1 bei 1/3 Vcc, und die Spannung am negativen Eingang des Komparators 2 liegt bei 2/3 Vcc. Wenn die Stromversorgung an den Schaltkreis angelegt wird, ist der Kondensator entladen, da dann der Ausgang von Komparator 1 positiv ist, wird das Flip-Flop gesetzt und sein Q-Ausgang (Pin 3) geht auf High. Der Kondensator lädt sich über die Widerstände R1 + R2 auf, und die Spannung über ihm steigt an. Wenn sie 2/3 Vcc erreicht, wird der Ausgang von Komparator 2 positiv und setzt das Flip-Flop zurück. Infolgedessen geht die Ausgangsspannung am Q-Ausgang auf Low. Dies aktiviert den Transistor, und der Kondensator entlädt sich über R2. Sobald die Spannung über dem Kondensator auf 1/3 Vcc fällt, wird Komparator 1 ausgelöst. Dies führt erneut dazu, dass das Flip-Flop gesetzt wird und der Ausgang auf High geht. Der Transistor schaltet sich ab, und der Zyklus wiederholt sich, während der Kondensator sich über R1 + R2 auflädt. Dadurch wird eine Rechteckspannung ausgegeben.

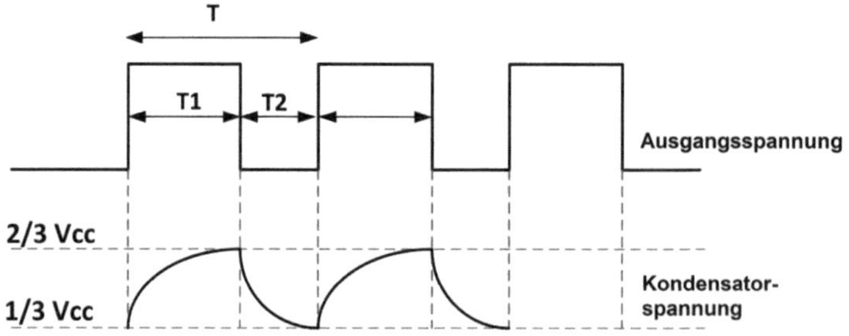

Abbildung 2.3: Ausgangsspannung und Spannung über dem Kondensator.

Die Periode (und damit die Frequenz) der Ausgangsspannung kann wie folgt berechnet werden. Unter der Annahme, dass die Anfangsbedingungen null sind, steigt die Spannung über einem Kondensator in einem RC-Kreis exponentiell an, wie durch die Gleichung gegeben:

$$Vc = Vcc\left(1 - e^{-t/CR}\right)$$

wobei *Vc* die Spannung über dem Kondensator und *Vcc* die angelegte Spannung ist. CR ist als Zeitkonstante des Schaltkreises bekannt. Mit t wird die Zeit bezeichnet. Im astabilen Schaltkreis ist die Anfangsspannung über dem Kondensator jedoch nicht null, sondern 1/3 Vcc. Die Gleichung, die die Spannung über dem Kondensator mit einer nicht-null-Anfangsbedingung beschreibt, lautet:

$$Vc = Vcc\left(1 - e^{-t/CR}\right) + Vo\, e^{-t/CR}$$

wobei Vo die Anfangsspannung über dem Kondensator ist. Im astabilen Schaltkreis steigt die Spannung von 1/3 Vcc auf 2/3 Vcc. Die Gleichung für die Spannung über dem Kondensator reduziert sich dann zu:

$$\frac{2}{3}Vcc = Vcc\left(1 - e^{-t/(R1+R2)C}\right) + \frac{1}{3}Vcc\, e^{-t/(R1+R2)C}$$

In dieser Gleichung muss die Zeit t gefunden werden, die die Einschaltdauer des Schaltkreises darstellt. Die Vereinfachung der obigen Gleichung ergibt:

$$\frac{2}{3}=1-e^{\frac{-t}{(R1+R2)C}}+\frac{1}{3}e^{-t/(R1+R2)C}$$

Damit:

$$1=2e^{-t/(R1+R2)C} \text{ oder, } 2=\frac{1}{e^{t/(R1+R2)C}}$$

oder,

Mit ln 2 = 0.693, ergibt sich die „On"-Zeit zu:

$$t_{ON} = 0.693(R1+R2)C$$

Während der Ausschaltdauer entlädt sich der Kondensator von 2/3 Vcc auf 1/3 Vcc über den Widerstand R2. Mit einer ähnlichen Berechnung können wir die Ausschaltdauer wie folgt berechnen:

$$t_{OFF} = 0.693 \times R2 \times C$$

Daher ist die Periode der Ausgangswelle:

$$T = t_{ON} + t_{OFF} = 0.693(R1 + 2R2)C$$

Und die Frequenz ist:

$$f=\frac{1}{T}=\frac{1}{0.693(R1+2R2)C} \text{ or, } f=\frac{1.44}{(R1+2R2)C} \text{ or, } f=\frac{1.44}{(R1+2R2)C}$$

Der Tastgrad bzw. das Tastverhältnis (D) ist das Verhältnis der Einschaltdauer zur Periode und wird als Prozentsatz angegeben:

$$D=\frac{R1+R2}{R1+2R2}\,\%$$

Der Tastgrad kann durch Variieren der Werte von R1 und R2 eingestellt werden. Der 555-Timer-Chip kann, wie in Abbildung 2.2 gezeigt, Tastgrade im Bereich von ungefähr 55 % bis 95 % erzeugen. Wenn R1 = R2 ist, beträgt der Tastgrad 66 %.

Beispiel 1
In einem astabilen Schaltkreis seien die Werte der Komponenten wie folgt:

R1 = 10 kΩ, R2 = 4.7 kΩ, and C = 1 μF

Berechnen Sie Periode und Frequenz der Oszillation sowie den Tastgrad.

Lösung 1

t_{ON} = 0.693(R1+R2)C = 0.693(10 + 4.7) × 10^3 × 1 × 10^{-6} = 10.18 ms

t_{OFF} = 0.693×R2×C = 0.693 × 4.7 × 10^3 × 1 × 10^{-6} = 3.25 ms

Periode: T = 10.18 + 3.25 = 13.43 ms

Die Frequenz der Schwingung beträgt: f = 1 / 13.43 ms = 74.4 Hz

Das Tastverhältnis ist: D = (10 + 4.7) / (10 + 9.4) = 75.77 %

Beispiel 2

Sie möchten einen astabilen Oszillator mit einer Frequenz von 1 kHz entwerfen. Angenommen, der Wert des Kondensators beträgt 1 µF, berechnen Sie geeignete Widerstandswerte.

Lösung 2

Die Frequenzgleichung für einen astabilen Oszillator kann umgeschrieben werden als

$$R1+2R2=\frac{1}{0.693fC}$$

Mit den gegebenen Werten für die Kapazität und Frequenz können wir die Widerstandswerte berechnen. :

$$R1+2R2=\frac{1}{0.693x1x10^3x1x10^{-6}}=1.443x10^3 \text{ or } 1.443\ \text{k}\Omega$$

Mit z. B. R2 = 270 Ohm ergibt sich:

R1 = 1443 - 2 × 270 = 903 Ohm.

Das Taktverhältnis ergibt sich zu: D = (903 + 270) / (903 + 2 × 270) = 81.28 %

2.2.1 Benutzung eines Nomograms

Mit einem sogenannten Nomogramm kann man die ungefähren Bauteilwerte für eine gewünschte Frequenz leicht bestimmen. In Abbildung 2.4 ist ein solches Nomogramm dargestellt, das aus dem Datenblatt des Texas Instruments NE555P stammt. Beachten Sie, dass in dieser Abbildung RA und *RB* den Werten R1 und R2 entsprechen, so wie sie in Abbildung 2.2 gezeigt werden.

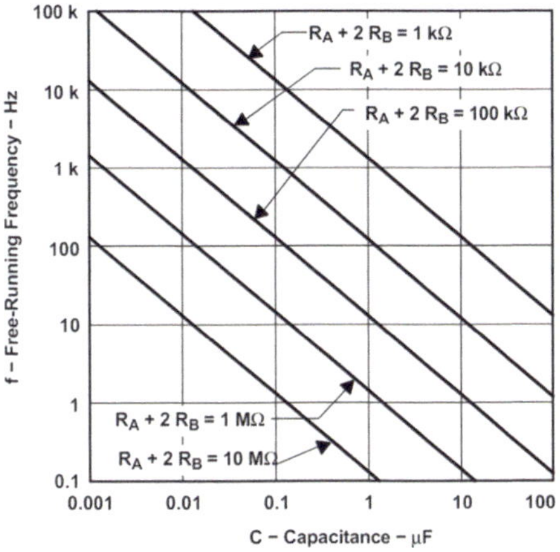

Abbildung 2.4: Nomogramm für den 555-Timer-Chip im astabilen Betrieb.

2.2.2 Online-Rechner für den astabilen Betrieb des 555

Im Internet sind Online-Rechner verfügbar, um die 555-Bauteilwerte zu berechnen. Es stehen zwei Arten von Rechnern zur Verfügung:

- Ein Standardrechner, bei dem die Bauteilwerte eingegeben werden und die Periode, Frequenz und der Tastgrad berechnet werden.

- Ein Umkehrrechner, bei dem die erforderliche Frequenz und einige Bauteilwerte eingegeben werden und der fehlende Bauteilwert berechnet wird.

Standardrechner

Ein solcher Rechner ist auf der folgenden Website verfügbar:

https://ohmslawcalculator.com/555-astable-calculator

Sie müssen die Bauteilwerte mit den richtigen Einheiten eingeben. Das Programm zeigt die Frequenz, Periode, den Tastgrad, die Ein- und Ausschaltzeit an. Ein Beispiel ist unten angegeben.

Beispiel 3

Die Bauteilwerte in einem astabilen Schaltkreis sind:

$C = 1\mu F$
$\mathrm{R1} = 903\Omega$ und
$R2 = 270\Omega$

Verwenden Sie den oben angegebenen Online-Rechner, um die Frequenz usw. zu berechnen.

Lösung 3
Starten Sie den Online-Rechner.
Geben Sie die Bauteilwerte wie in Abbildung 2.5 gezeigt ein.

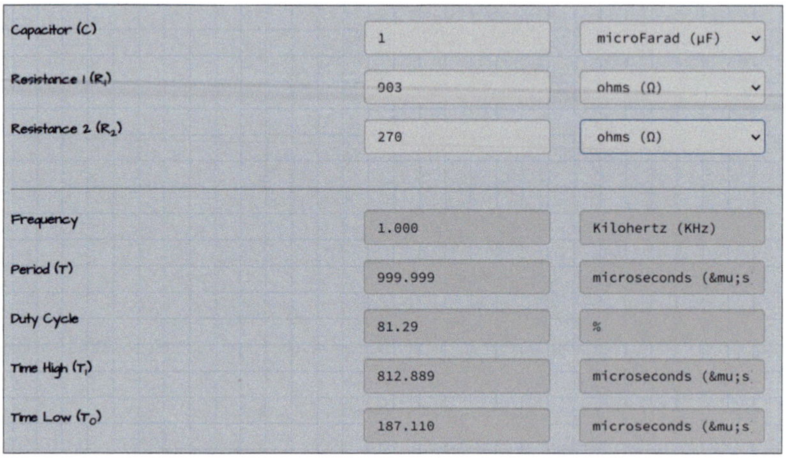

Abbildung 2.5: Geben Sie die Bauteilwerte ein.

Die Ergebnisse werden im unteren Teil der Anzeige angezeigt, wie in Abbildung 2.5 gezeigt.

Umkehrrechner
Ein solcher Rechner ist auf der folgenden Website verfügbar:

https://www.daycounter.com/Calculators/NE555-Calculator.phtml

Ein Beispiel ist unten angegeben.

Beispiel 4
Sie möchten einen astabilen Schaltkreis mit den folgenden Anforderungen entwerfen:

$F = 1\text{kHz}$,
$C = 1\mu\text{F}$,
$R1 = 288\Omega$,
$\text{Tastgrad} = 60\ \%$.

Berechnen Sie den erforderlichen Wert von *R*2.

Lösung 4
Starten Sie den Online-Rechner. Geben Sie die Werte für *f*, C und R1 (RA im Rechner) wie in Abbildung 2.6 gezeigt ein.

Klicken Sie auf Berechnen. Der erforderliche Wert von R2 (RB im Rechner) wird mit 576 Ω Ω angegeben.

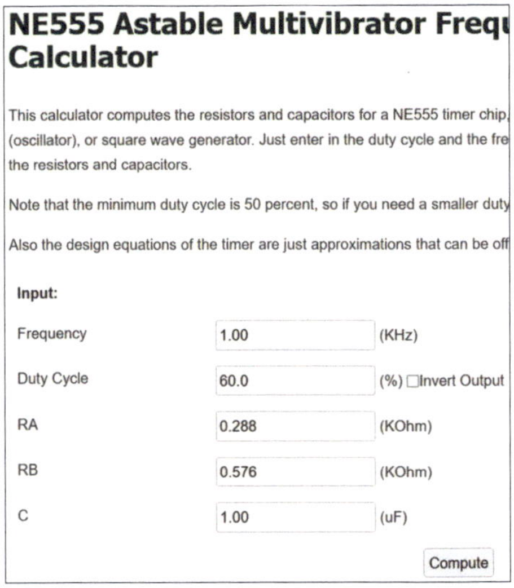

Abbildung 2.6 Geben Sie den Wert für Frequenz, C und R1 ein.

2.2.3 Astabiler Schaltkreis mit einem Tastgrad von weniger als 50 %

In einigen Anwendungen, wie der Erzeugung schneller Pulse, möchten Sie möglicherweise einen astabilen Schaltkreis mit einem Tastgrad von unter 50 % haben. Dies kann mit dem modifizierten Schaltkreis erreicht werden, der in Abbildung 2.7 dargestellt ist. Hier werden zwei Dioden verwendet. Der Kondensator lädt sich jetzt über R1 auf (da R2 durch die Diode kurzgeschlossen ist) und entlädt sich über R2. Die Frequenz der Oszillation und der Tastgrad werden jetzt durch folgende Formeln gegeben:

$$f = \frac{1.44}{(R1+R2)C}$$

Taktverhältnis = R1 / (R1 + R2)

Zum Beispiel gilt für einen Tastgrad von 50 %: 0.5 = R1 / (R1 + R2), or, set R1 = R2. Oder, für 10% Tastgrad: 0.1 = R1 / (R1 + R2), or, set R2 = 0.9R1.

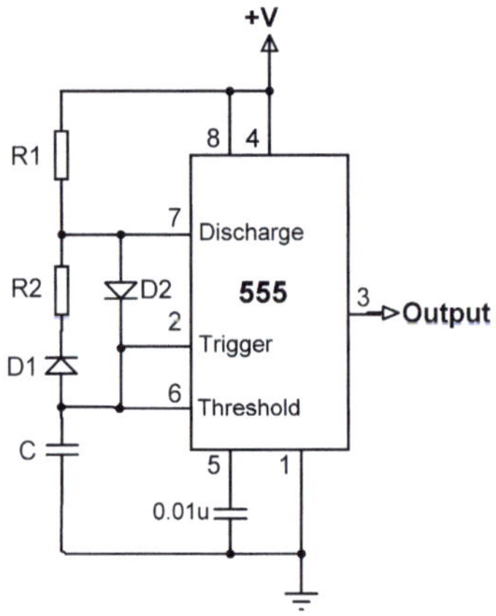

Abbildung 2.7: Astabiler Schaltkreis mit einem Tastgrad von unter 50 %.

Beispiel 5

Entwerfen Sie einen astabilen Schaltkreis mit einem Tastgrad von 50 %. Angenommen, R1=R2=10kΩ und C=0,1µF. Simulieren Sie den Schaltkreis mit dem LTspice-Simulator.

Lösung 5

Abbildung 2.8 zeigt das LTspice-Schema des erforderlichen astabilen Schaltkreises. Die Ausgangsspannungswellenform der Simulation ist in Abbildung 2.9 dargestellt. Der Tastgrad beträgt exakt 50 %.

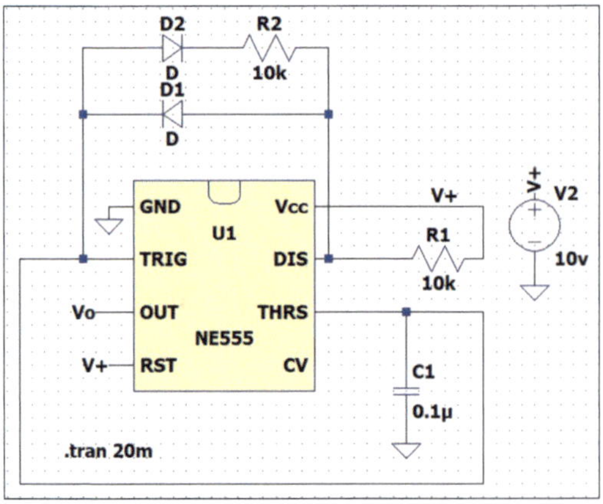

Abbildung 2.8: LTspice-Schema des astabilen Schaltkreises.

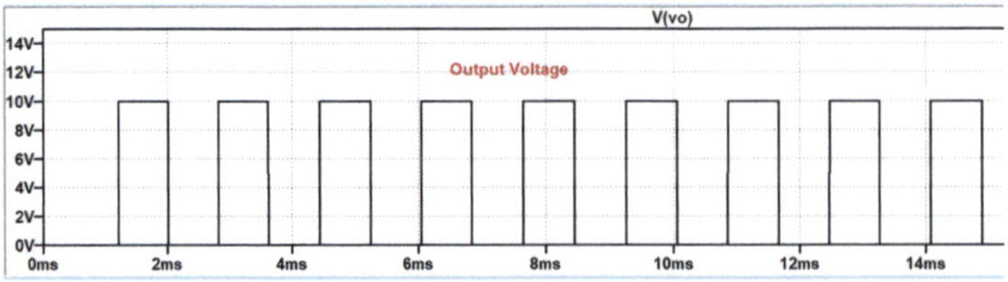

Abbildung 2.9: Ausgangsspannungswellenform.

2.2.4 Astabiler Schaltkreis mit einem einstellbaren Tastgrad von 0 % bis 100 %

In einigen Anwendungen möchten Sie möglicherweise den Tastgrad von 0 % auf 100 % ändern. Dies kann mit dem modifizierten Schaltkreis erreicht werden, der in Abbildung 2.10 dargestellt ist. Hier werden zwei Dioden und ein Potentiometer verwendet. Der Kondensator lädt sich jetzt über R1=RA+RX auf und entlädt sich über R2=RB+RC−RX, wobei

RC das Potentiometer ist. Die Frequenz der Oszillation und der Tastgrad werden durch folgende Formeln gegeben:

$$f = \frac{1.44}{(R1 + R2)C} = \frac{1.44}{(RA + RX + RB + RC - RX)C}$$

Mit, $$f = \frac{1.44}{(RA + RB + RC)C}$$

Wenn der Arm des Potentiometers bewegt wird, ist der minimale Tastgrad:

$$Dmin = \frac{RA}{RA + RC + RB}$$

Der maximale Tastgrad ist:

$$Dmax = \frac{RA + RC}{RA + RC + RB}$$

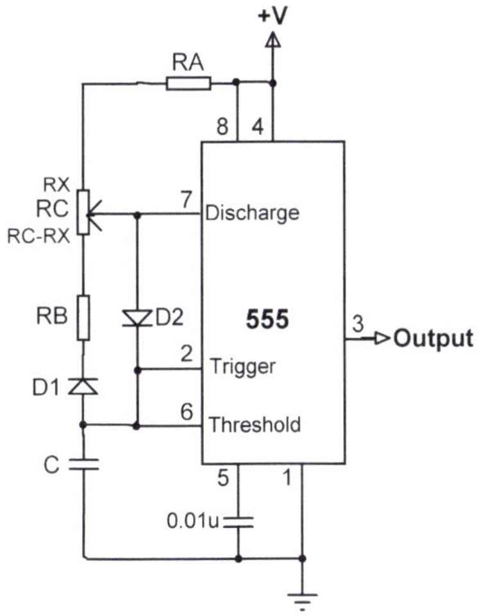

Abbildung 2.10: Astabiler Schaltkreis mit einem einstellbaren Tastgrad von 0 % bis 100 %.

2.2.5 Komponentenwerte für variable Frequenz- und Tastgradbereiche

Wie in der vorherigen Abschnitt gezeigt, gibt es drei Formeln, die verwendet werden können, um einen erforderlichen Frequenz- und Tastgradbereich zu entwerfen. Angenommen, der Wert des Kondensators wird im Voraus ausgewählt. Diese Formeln sind:

$$f=\frac{1.44}{(RA+RB+RC)C}$$ f und C ist bekannt

$$Dmin=\frac{RA}{RA+RC+RB}$$

$$Dmin=\frac{RA}{RA+RC+RB}$$ D_{min} ist bekannt

$$Dmax=\frac{RA+RC}{RA+RC+RB}$$ D_{max} ist bekannt

Aus diesen Gleichungen können wir Folgendes ableiten:

$$RA+RB+RC=\frac{1.44}{fC}=\frac{RA}{Dmin}=\frac{RA+RC}{Dmax}$$

Wir können dann die erforderlichen Bauteilwerte mit den folgenden 3 Gleichungen berechnen:

$$RA=\frac{1.44}{fC}xDmin \qquad (2.1)$$

$$RC=\frac{RA}{Dmin}xDmax-RA \qquad (2.2)$$

$$RB=\frac{1.44}{fC}-RA-RC \qquad (2.3)$$

Hinweis: Die obigen Berechnungen berücksichtigen nicht die Auswirkungen der Dioden bei den Berechnungen der Frequenz und des Tastgrades.

Beispiel 6

Sie möchten einen astabilen Schaltkreis mit variablem Tastgrad entwerfen, bei dem der Tastgrad von 10 % auf 90 % mit einem Potentiometer geändert werden soll. Die erforderliche Frequenz der Oszillation beträgt 1 kHz. Der Kondensator wird zu C = 0,1 µF gewählt.

Lösung 6

Hier gilt, f = 1 kHz, C = 0.1 µF, D_{min} = 0.1 and D_{max} = 0.9.

Mit Gleichung (2.1), $RA=\frac{1.44}{1x10^3x0.1x10^{-6}}x0.1=1440\,ohms$

Aus Gleichung (2.2) folgt, $RC = \frac{1440}{0.1} x\, 0.9 - 1440 = 11520\, ohms$

Mit Gleichung (2.3), $RB = 14400 - 1440 - 11520 = 1440\, ohms$

Abbildung 2.11 zeigt das LTspice-Schema des Schaltkreises, wenn der Arm des Potentiometers auf einem Anschlag leigt. Hier beträgt der Tastgrad etwa 10 %, wie in Abbildung 2.12 dargestellt.

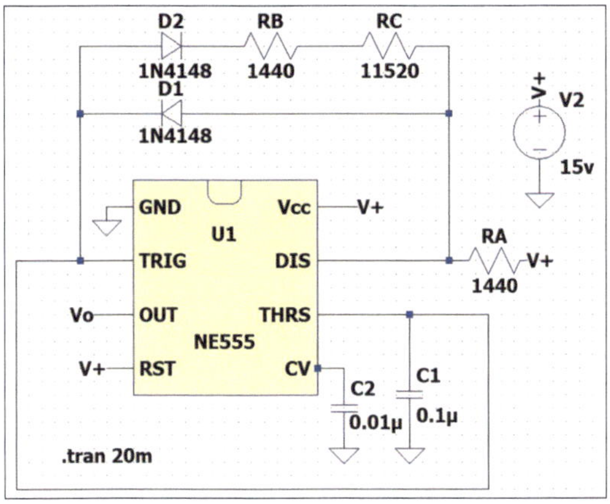

Abbildung 2.11: LTspice-Schema.

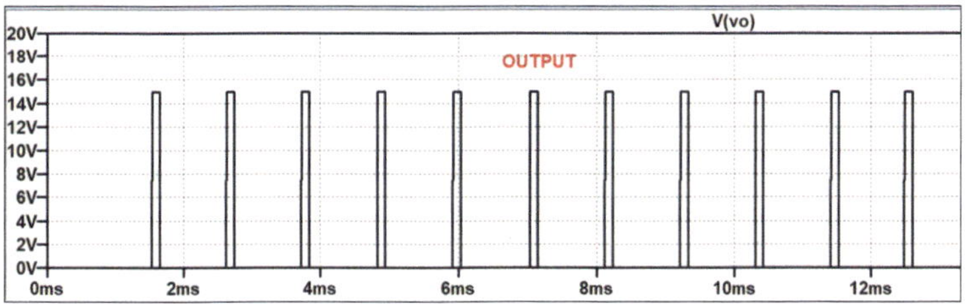

Abbildung 2.12: Ausgangswellenform.

Abbildung 2.13 zeigt das LTspice-Schema des Schaltkreises, wenn der Arm des Potentiometers auf der anderen Seite liegt. Hier beträgt der Tastgrad etwa 90 %, wie in Abbildung 2.14 dargestellt.

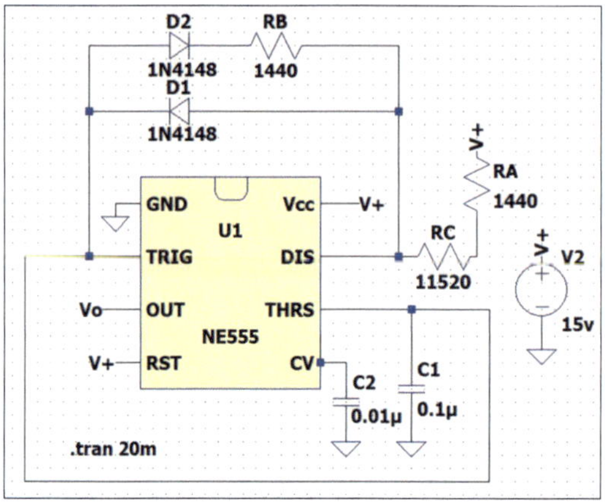

Abbildung 2.13: LTspice Schaltbild.

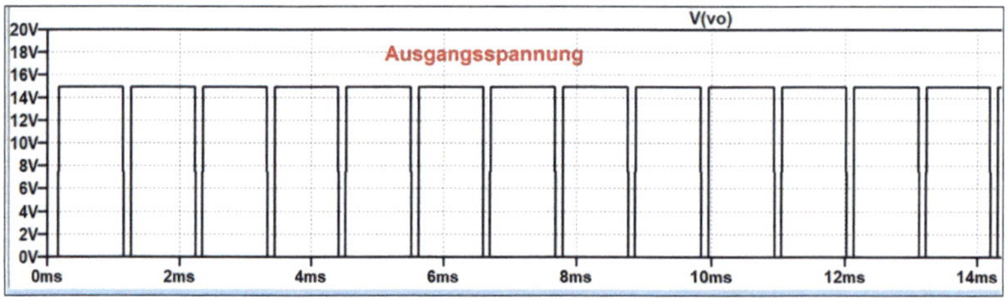

Abbildung 2.14: Wellenform am Ausgang.

2.2.6 Ein einfacherer Schaltkreis für einen Tastgrad von 50 %

Abbildung 2.15 zeigt einen einfacheren Schaltkreis, der einen Tastgrad von 50 % liefert. Hier lädt und entlädt sich der Kondensator C durch denselben Widerstand R. Wenn der Ausgang also hoch ist, lädt der Kondensator durch R auf, und auch wenn der Ausgang niedrig ist, entlädt er sich durch R. Die Gleichung für die Frequenz ist gegeben durch:

$$f = \frac{1}{0.693(2R)C}$$

oder

$$f = \frac{0.721}{RC}$$

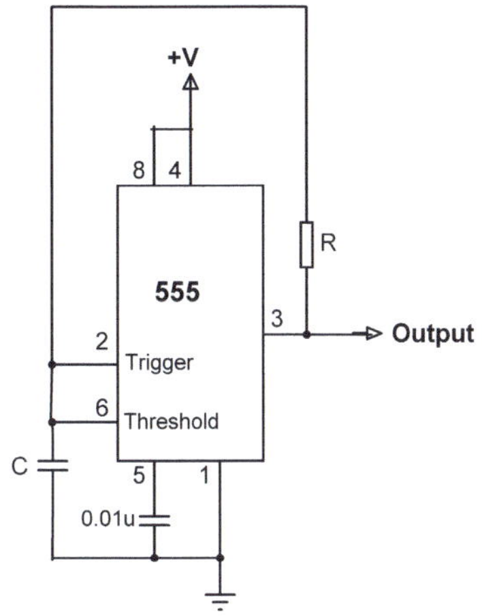

Abbildung 2.15: Einfacherer astabiler Schaltkreis mit 50 % Tastgrad.

Hier ein Beispiel dazu.

Beispiel 7
Entwerfen Sie einen astabilen Schaltkreis mit 50 % Tastgrad und einer Frequenz von 5 kHz. Angenommen sei C = 0,1 µF.

Lösung 7
Aus der Gleichung ergibt sich R2 zu:

$$R = \frac{0.721}{fC} = \frac{0.721}{5\,x\,10^{3}\,x\,0.1\,x\,10^{-6}}$$

Damit: R = 1442 ohms.

Abbildung 2.16 zeigt das LTspice-Schema des Schaltkreises. Die Ausgangswelle ist in Abbildung 2.17 dargestellt, wobei der Tastgrad jetzte genau 50 % beträgt.

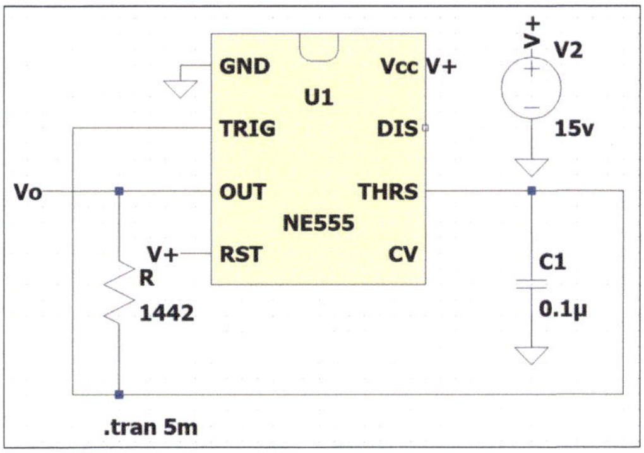

Abbildung 2.16: LTspice-Schema.

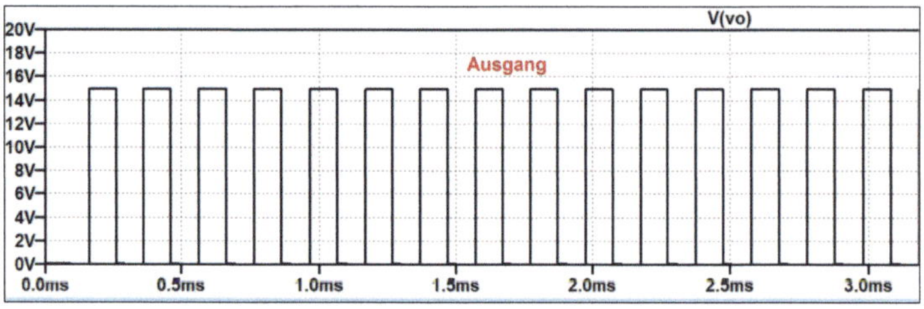

Abbildung 2.17: Ausgangswelle.

2.3 Monostabiler Betrieb

Ein 555-Monostabiler Schaltkreis — oft als One-Shot- („Ein-Schuss-") Schaltung bezeichnet — ist eine Puls-Generator-Schaltung, in der ein externer Trigger einen Puls erzeugt, dessen Dauer durch die extern mit dem 555-Timer verbundenen RC-Komponenten bestimmt wird. Der Ausgang ist in einem stabilen Zustand und kehrt immer wieder in diesen Zustand zurück. Der Ausgang eines 555-Monostabilen Schaltkreises ist normalerweise auf LOW. Wenn ein externer Trigger an die Schaltung angelegt wird, wird der Ausgang für eine bestimmte Zeit HIGH, bevor er wieder auf abfällt. Diese HIGH-Zeit wird durch einen externen Widerstand und einen Kondensator festgelegt.

Abbildung 2.18 zeigt eine monostabilen Schaltung.

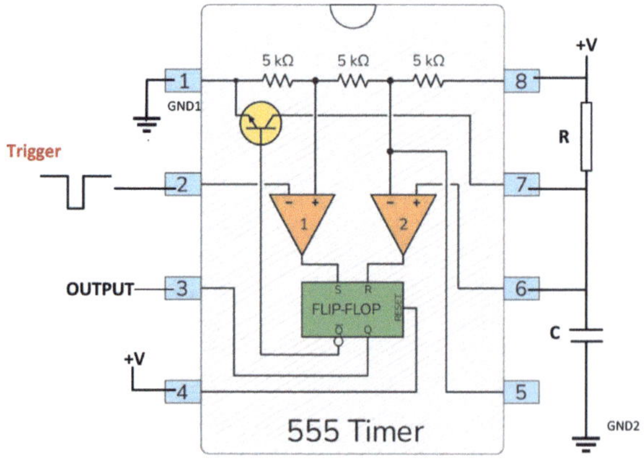

Abbildung 2.18 zeigt die monostabile Schaltung.

Wenn Strom an die Schaltung angelegt wird, ist der Trigger-Eingang HIGH und der Ausgang des Komparators (Q) ist LOW, und der Transistor ist eingeschaltet, sodass der Kondensator nicht aufgeladen wird. Wenn ein negativer Triggerimpuls an Pin 2 angelegt wird, geht der Ausgang des Komparators 1 hoch und setzt das Flip-Flop, wodurch der Transistor abgeschaltet wird und der Ausgang des Geräts auf HIGH geht. Der Kondensator beginnt dann zu laden, und wenn er 2/3 Vcc erreicht, setzt das Flip-Flop zurück, was den Ausgang des Geräts auf LOW zwingt und den Transistor einschaltet, wodurch verhindert wird, dass der Kondensator auflädt. Dieser Prozess wiederholt sich. Daher wird ein Puls aus dem Gerät ausgegeben, dessen Breite von der Ladezeit des Kondensators abhängt. Die Pulsbreite des Trigger-Eingangs muss kleiner sein als die erwartete Pulsbreite des Ausgangssignals.

Außerdem muss der Triggerpuls ein nach negativ gehendes Eingangssignal mit einer Amplitude größer als 1/3 VCC sein. Die Pulsbreite wird durch die Formel berechnet:

$$T = 1.1\,RC$$

Sobald der Schaltkreis ausgelöst wird, bleibt der Ausgang HIGH, bis die festgelegte Zeit T abgelaufen ist. Nach dieser Zeit kehrt der Ausgang auf LOW zurück. Der Ausgang ändert sich nicht, selbst wenn während dieses Zeitraums ein weiterer Trigger angewendet wird, d. h. der Schaltkreis ist nicht wieder auslösbar.

Der Trigger-Eingang wird normalerweise mit einem Widerstand hochgezogen, und dieser Eingang wird durch einen normalerweise offenen Taster oder einen externen Puls auf LOW gezwungen. Ein Beispiel ist unten angegeben.

Beispiel 8
Entwerfen Sie eine monostabilen Schaltung, um einen einsekündigen Ausgangspuls zu erzeugen, wenn ein Trigger-Eingang über einen Widerstand angelegt wird.

Lösung 8
Unter der Annahme eines 10-µF-Kondensators beträgt der erforderliche Widerstand:

$$R = 1 / (1.1 \times 10 \times 10^{-6}) \text{ oder: } R = 91\ \text{k}\Omega$$

Abbildung 2.19 zeigt das Schaltbild der monostabilen Schaltung. Der Pull-up-Widerstand kann einen Wert zwischen 10 kΩ und 100 kΩ haben.

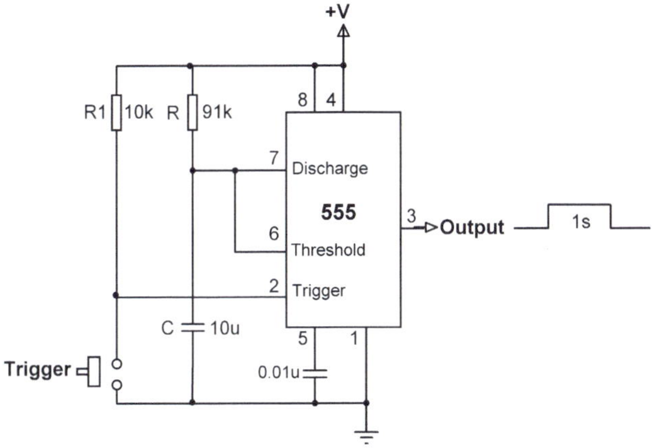

Abbildung 2.19: Monostabile Schaltung.

2.3.1 Verwendung eines Nomogramms

Mit einem Nomogramm können wieder die ungefähren Bauteilwerte für eine erforderliche Pulsbreite berechnet werden. Abbildung 2.20 zeigt ein solches Nomogramm, das aus dem Datenblatt des Texas Instruments NE555P stammt.

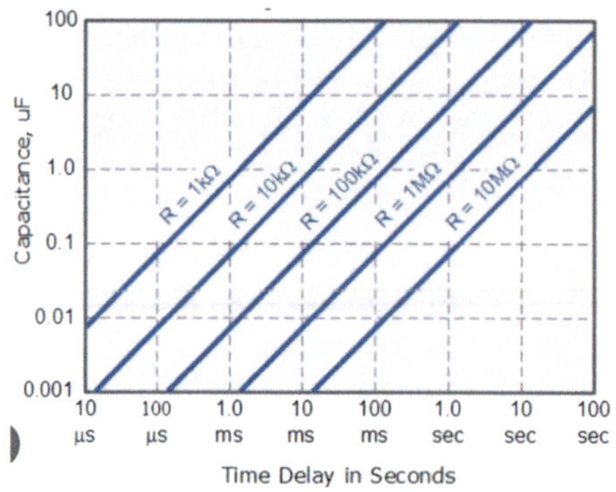

Abbildung 2.20: 555-Timer-Chip Monostabil-Nomogramm.

2.3.2 Online-Rechner für Monostabile 555 Schaltungen.

Im Internet sind Online-Rechner verfügbar, um die 555-Bauteilwerte im monostabilen Modus zu berechnen. Die folgende Website bietet ein solches Online-Tool an:

https://ohmslawcalculator.com/555-monostable-calculator

Das folgende Beispiel zeigt, wie man dieses Tool verwendet.

Beispiel 9

Der Kondensator und der Widerstand in einem 555-Monostabilkreis betragen 10 µF bzw. 91 kΩ. Verwenden Sie das oben genannte Online-Tool, um die Pulsbreite zu berechnen.

Lösung 9

- Starten Sie das Online-Tool
- Geben Sie die Werte für den Kondensator und den Widerstand ein
- Klicken Sie auf Berechnen, um die Pulsbreite anzuzeigen

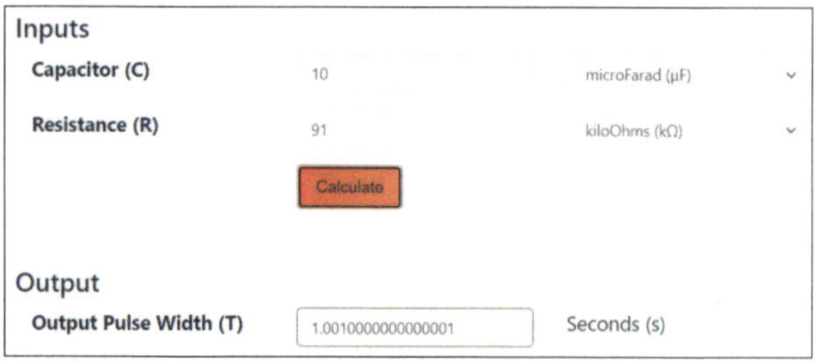

Abbildung 2.21 zeigt die Ausgabe des Programms.

2.4 Bistabile Schaltung Betriebsweise

Im bistabilen Betriebsmodus ist die Ausgabe in beiden Zuständen (LOW und HIGH) stabil. Der 555 bleibt hier in einem Zustand, bis sie in den anderen Zustand geschaltet wird. Der bistabile Betrieb ist kein Timer-Betrieb, sondern ähnelt dem Betrieb eines Flip-Flops. Externe Trigger werden verwendet, um die Ausgabe von einem Zustand in den anderen zu wechseln. Es gibt kein RC-Zeitnetzwerk und daher keine Entwurfsformeln.

Für den bistabilen Betrieb werden zwei 555-Konfigurationen verwendet: entweder über den Reset-Eingang oder über die Eingänge 2 (Trigger) und 6 (Threshold).

2.4.1 Verwendung des Reset-Eingangs

Abbildung 2.22 zeigt das zugehörige Schaltbild. Zwei Taster werden verwendet, einer um die Ausgabe auf HIGH zu setzen und der andere um die Ausgabe auf LOW zurückzusetzen, indem die Trigger- und Reset-Eingänge des 555-Timers verwendet werden. Diese Pins werden mit Widerständen auf HIGH gezogen.

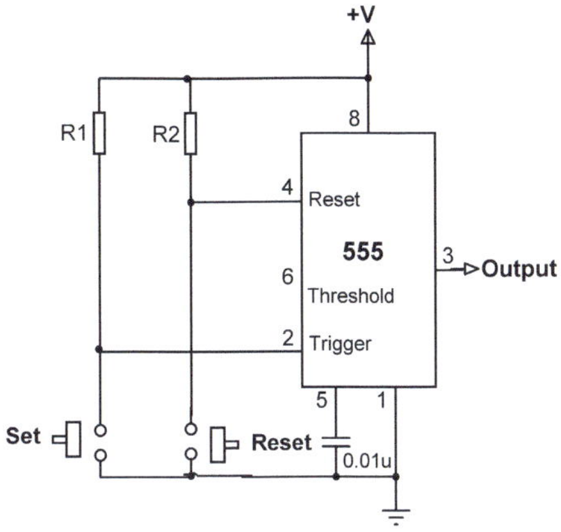

Abbildung 2.22 Bistable Schaltung.

2.4.2 Verwendung der Pins 2 und 6

Abbildung 2.23 zeigt zugehörige das Schaltbild. Die Trigger- und Schwellenwerteingänge werden verwendet, um die Ausgabe zu setzen und zurückzusetzen. Der Trigger-Eingang ist negativ, während der Schwellenwert-Eingang positiv ist. Pull-up- und Pull-down-Widerstände werden an den Eingängen 2 und 6 verwendet.

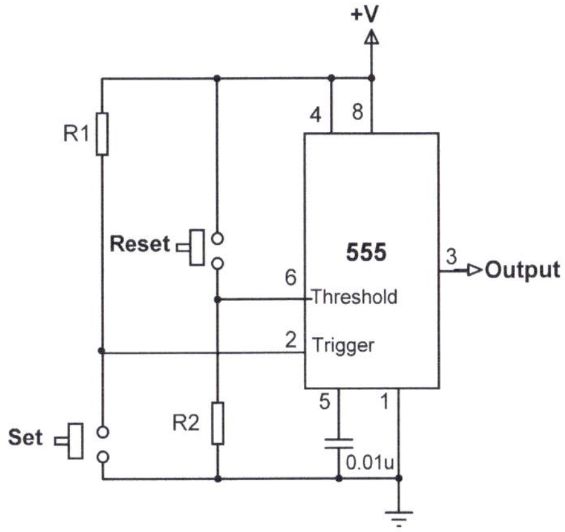

Abbildung 2.23 Bistable Schaltung mit den Pins 2 und 6.

2.5 Online-Rechnerprogramm zum Entwerfen von astabilen und monostabilen Schaltungen

Das Online-Rechnerprogramm auf der folgenden Website kann verwendet werden, um sowohl astabile als auch monostabile Schaltungen zu entwerfen. Zusätzlich kann das Programm zum Entwerfen von diodebasierten astabilen Schaltungen verwendet werden, bei denen der Tastgrad kleiner oder gleich 50 % ist:

https://555timercircuits.uk/operation/oscillator.html?

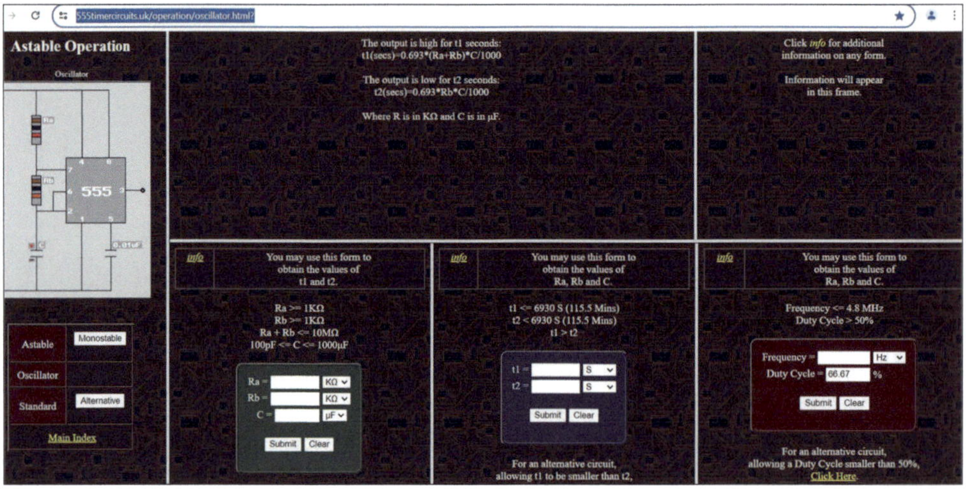

Abbildung 2.24 zeigt das Online-Rechnerprogramm.

2.6 Ausgangsstrom des 555 Timers

Der Ausgang des 555 Timers kann einen Strom von bis zu 200 mA liefern und aufnehmen. Im Liefermodus (Abbildung 2.25a) wird der Strom vom Chip ausgegeben, wenn eine Seite der Last ist mit Massepotential verbunden ist. Im Aufnahme-Modus fließt der Strom in den Chip (Abbildung 2.25b). Dabie ist eine Seite der Last ist mit der Stromversorgung verbunden.

2.7 Steuerung größerer Lasten

Wenn Sie kleine elektronische Komponenten oder Geräte wie LEDs, kleine Motoren oder andere Lasten mit bis zu 200 mA Strom steuern möchten, können Sie diese direkt an den Ausgang des 555 Timers anschließen. Wenn Sie jedoch Motoren oder andere Geräte steuern möchten, die mehr als 200 mA Strom benötigen, gibt es mehrere Methoden, um dies zu tun, wie im Folgenden beschrieben.

2.7.1 Verwendung von Bipolartransistoren

Sie können einen NPN-Transistor mit einem geeigneten Basiswiderstand (Abbildung 2.26) verwenden, um Lasten zu steuern, die große Ströme benötigen. Stellen Sie sicher, dass der maximale Kollektorstrom des gewählten Transistors innerhalb der maximalen Stromgrenze der Last liegt. Möglicherweise benötigen Sie auch einen Kühlkörper, um den Transistor abzukühlen, wenn der Stromverbrauch hoch ist. Wenn Sie eine 5V-Stromversorgung verwenden, sollte ein Basiswiderstand mit einem Wert von einigen kΩ ausreichend sein. Bei Verwendung einer stärkeren Stromversorgung sollte ein höherer Basiswiderstand gewählt werden.

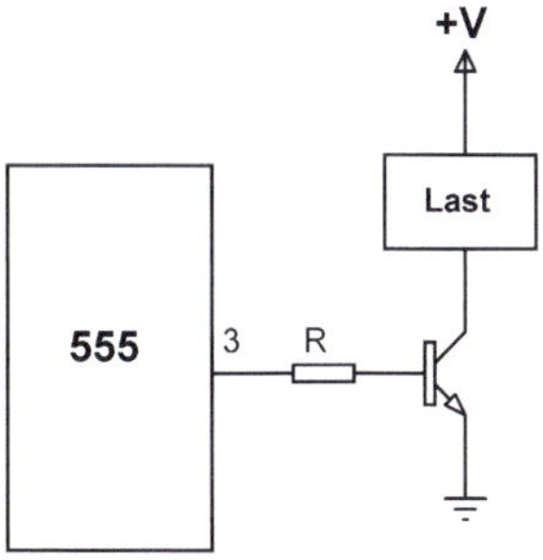

Abbildung 2.26 Verwendung eines Transistors für höhere Lastströme.

2.7.2 Verwendung eines MOSFET-Transistors

Sie können einen MOSFET-Transistor für Lasten verwenden, die höhere Ströme benötigen. Stellen Sie sicher, dass Sie einen MOSFET mit einem VGS verwenden, der niedriger ist als die Ausgangsspannung des 555-Timers. Abbildung 2.27 zeigt einen typischen Schaltkreis mit einem MOSFET.

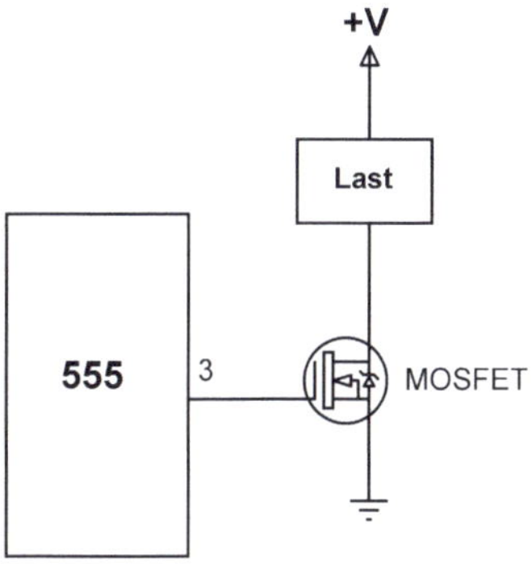

Abbildung 2.27 Verwendung eines MOSFET.

2.7.3 Verwendung eines Relais

Für Lasten, die noch höhere Ströme benötigen, ist es am besten, ein Relais zu verwenden, wie in Abbildung 2.28 dargestellt. Abbildung 2.29 zeigt, wie das Relais im Stromquellenmodus angeschlossen wird.

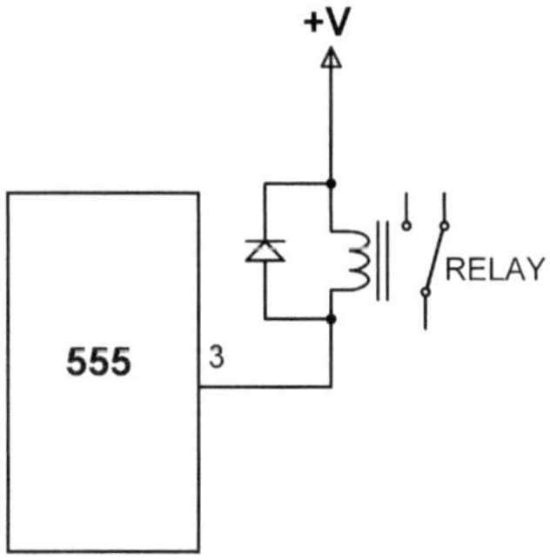

Abbildung 2.28 Verwendung eines Relais im Stromsenkenmodus.

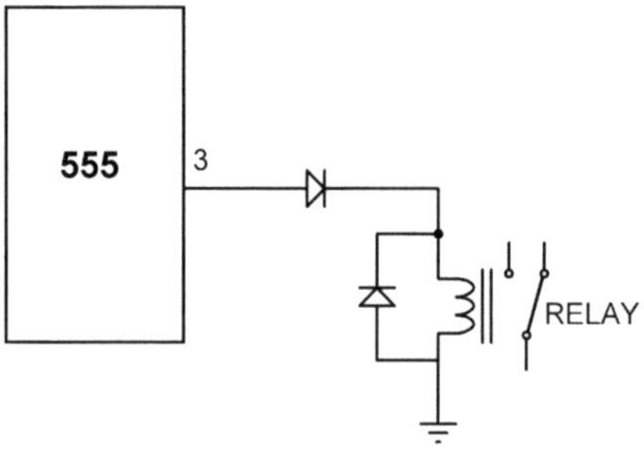

Abbildung 2.29 Verwendung eines Relais im Stromquellenmodus.

Kapitel 3 • 555 Timer Projekte

3.1 Überblick

Im vorherigen Kapitel wurde einige Theorie zu den astabilen, monostabilen und bistabilen Schaltungen auf Basis des 555 Timers vorgestellt. In diesem Kapitel werden Sie damit beginnen, Einzel- und Mehrfachprojekte mit 555 Timer unter Verwendung von LEDs, Summern, Lautsprechern, Relais usw. zu entwickeln.

Hierzu wird ein kleines Breadboard verwendet, soweit dies angemessen ist, und jedes Projekt wird vollständig mit den folgenden Unterüberschriften beschrieben:

- Titel
- Beschreibung
- Blockdiagramm
- Design
- Schaltbild
- Komponentenliste
- Fritzing-Diagramm (sofern zutreffend)
- Konstruktion (sofern zutreffend)
- Testverfahren

3.2 Projekt 1: Blinkende LED

Beschreibung: Dies ist möglicherweise das einfachste astabile Projekt, das Sie mit einem 555 Timer entwickeln können. In diesem Projekt wird eine LED an den Ausgang des 555 Timers angeschlossen, der im Stromquelle-Modus betrieben wird, und die LED blinkt jede Sekunde.

Blockdiagramm: Abbildung 3.1 zeigt das Blockdiagramm des Projekts.

Abbildung 3.1: Blockdiagramm des Projekts.

Design: Angenommen, Sie verwenden rote 5-mm LEDs und der Spannungsabfall über der LED beträgt 2 V und der Strom durch die LED soll 10 mA betragen, dann ist der Wert des erforderlichen Strombegrenzungswiderstands R:

$$R = (9\ V - 2\ V) / 10\ mA = 0{,}7\ k\Omega.$$

In der Praxis werden 680 Ohm als nächstgelegener verfügbaren Widerstand gewählt. Die erforderlichen Komponentenwerte werden mit dem online verfügbaren Rückwärtsrechner aus Abschnitt 2.2.2 gefunden:

https://www.daycounter.com/Calculators/NE555-Calculator.phtml

- Starten Sie den Online-Rechner und geben Sie die erforderliche Frequenz ein.
- Wählen Sie C = 10 µF und einen Tastverhältnis von 55 %, und klicken Sie dann auf „Berechnen“ (Calculate).
- Der Rechner zeigt RA (oder R1) = 14,4 kΩ und RB (oder R2) = 64,8 kΩ an.
- Sie können R1 = 15 kΩ und R2 = 68 kΩ als die nächstgelegenen Werte wählen.
- Mit dem Online-Rechner auf dieser Website:

https://ohmslawcalculator.com/555-astable-calculator

erhalten Sie die folgenden Ergebnisse, die für dieses Projekt zufriedenstellend sind:

f = 0,956 Hz
Tastverhältnis = 54,97 %

Schaltbild: Das Schaltbild ist in Abbildung 3.2 dargestellt. LEDs sind in verschiedenen Farben und Größen erhältlich. In diesem Projekt wird eine rote LED mit 5 mm Durchmesser verwendet, die über einen Strombegrenzungswiderstand angeschlossen ist. Der Timer-Chip wird von einer 9 V PP3 (IEC 6LR22) Batterie betrieben.

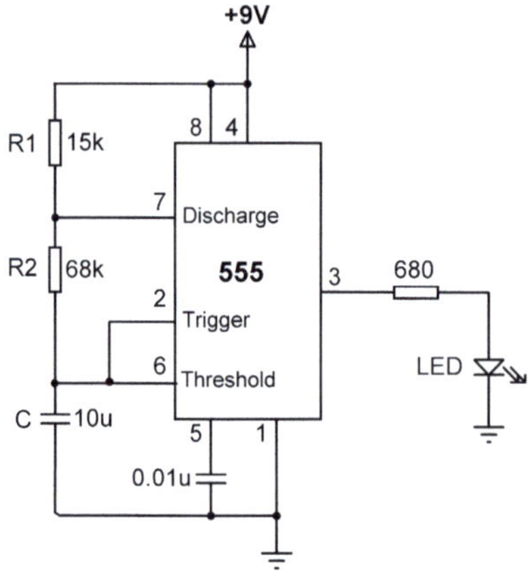

Abbildung 3.2: Schaltbild für das Projekt.

Komponentenliste

- 1× 555 Timer IC
- 1× 10 µF Kondensator
- 1× 15 kΩ Widerstand
- 1× 68 kΩ Widerstand
- 1× 680 Ω Widerstand
- 1× 0.01µF Kondensator
- 1× rote 5 mm LED
- 1× 9 V Batterie
- 1× 9 V Batterieclip
- 1× Breadboard

Fritzing-Diagramm: Abbildung 3.3 zeigt das Fritzing-Diagramm des Projekts auf einem Breadboard.

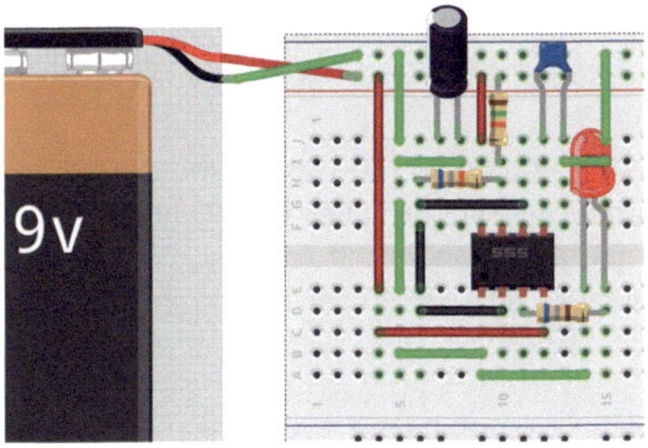

Abbildung 3.3: Fritzing-Diagramm für das Projekt.

Aufbau: Abbildung 3.4 zeigt das Projekt, das auf einem kleinen Breadboard aufgebaut wurde, wie im Fritzing-Diagramm dargestellt (Man hätte die Verbindungen mit weniger Drähten herstellen können, wenn die Drähte überlappen).

Abbildung 3.4: Projekt, auf einem Breadboard.

Test: Schließen Sie die Batterie an den Schaltkreis an. Die LED sollte jede Sekunde blinken.

3.3 Projekt 2: Polizei-Blinker - Abwechselnd blinkende LEDs

Beschreibung: Dies ist eine Erweiterung des vorherigen Projekts. Hier sind zwei LEDs mit dem 555-Timer verbunden, die abwechselnd jede Sekunde blinken, wie bei den Blaulichtern eines Polizeiautos.

Blockdiagramm: Abbildung 3.5 zeigt das Blockdiagramm des Projekts.

Abbildung 3.5: Blockdiagramm des Projekts.

Design: Die gleichen Timing-Komponenten wie im vorherigen Projekt werden verwendet. Eine der LEDs ist im Stromquellenmodus (untere LED) angeschlossen, während die andere (obere LED) im Stromsenkmodus angeschlossen ist. Wenn der Ausgang hoch ist, wird die untere LED eingeschaltet, und wenn der Ausgang niedrig ist, wird die obere LED eingeschaltet.

Schaltplan: Der Schaltplan ist in Abbildung 3.6 dargestellt. 680-Ohm-Strombegrenzungswiderstände werden für jede rote 5-mm-LED wie im vorherigen Projekt verwendet.

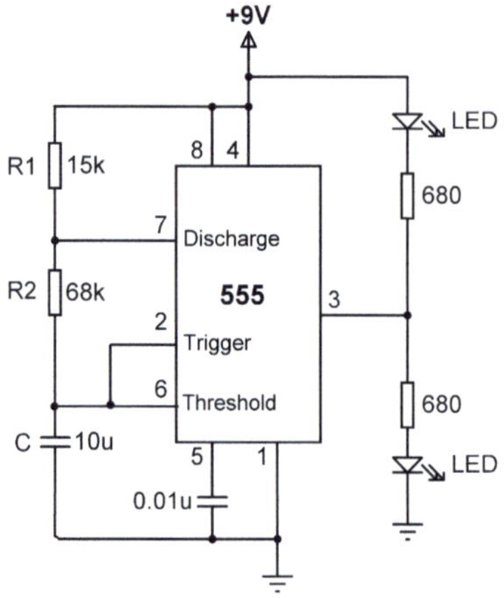

Abbildung 3.6: Schaltplan für das Projekt.

Bauteilliste

- 1× 555 Timer IC
- 1× 10 µF Kondensator
- 1× 15 kΩ Widerstand
- 1× 68 kΩ Widerstand
- 2× 680 Ω Widerstand
- 1× 0.01µF Kondensator
- 2× rote 5 mm LED
- 1× 9 V Batterie
- 1× 9 V Batterieclip
- 1× Breadboard

Fritzing-Diagramm: Abbildung 3.7 zeigt das Fritzing-Diagramm des Projekts, auf einem Breadboard.

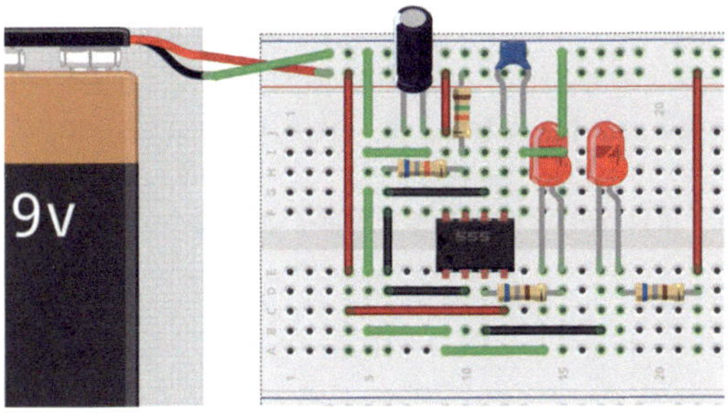

Abbildung 3.7: Fritzing-Diagramm für das Projekt.

Aufbau: Abbildung 3.8 zeigt das Projekt, das auf einem kleinen Breadboard gemäß dem Fritzing-Diagramm aufgebaut wurde (Sie hätten die Verbindungen mit weniger Drähten herstellen können, wenn die Drähte überlappt sind).

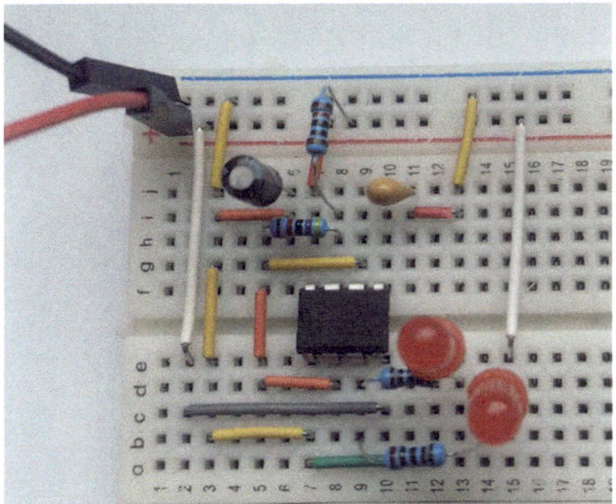

Abbildung 3.8: Projekt auf einem Breadboard konstruiert.

Test: Schließen Sie die Batterie an den Schaltkreis an. Die beiden LEDs sollten abwechselnd jede Sekunde blinken.

3.4 Projekt 3: Ändern der LED-Blitzrate

Beschreibung: In diesem Projekt wird der 555-Timer zusammen mit einem Potentiometer verwendet, um die LED-Blitzrate von etwa 1 Hz auf ca. 10 Hz zu ändern.

Blockdiagramm: Abbildung 3.9 zeigt das Blockdiagramm des Projekts.

Abbildung 3.9: Blockdiagramm des Projekts.

Design: Das Potentiometer ist in Reihe mit dem zeitbestimmenden Widerstand geschaltet. Wenn das Potentiometers auf einem Anschlag liegt, beträgt die Ausgangsfrequenz etwa 10 Hz. Wenn es auf die andere Seite gedreht ist, beträgt die Ausgangsfrequenz etwa 1 Hz.

In Bezug auf Abschnitt 2.2.6 wird die Ausgangsfrequenz wie folgt angegeben:

$$f = \frac{0.721}{RC}$$

Wenn der Arm des Potentiometers auf der Seite ist, wo sein Widerstand null ist, steht die Ausgangsfrequenz auf 10 Hz. Angenommen, dass C = 22 µF ist, dann gilt:

$$R = \frac{0.721}{fC} = \frac{0.721}{10 x 22 x 10^{-6}}$$

Somit: R = 3.27 kΩ. Man kann also R = 3.3 kΩ wählen.

Wenn das Potentiometers auf der anderen Seite anschlägt, beträgt der Widerstand 10 kΩ + 3,3 kΩ = 13,3 kΩ. Die Frequenz beträgt dann

$$f = \frac{0.721}{13.3 x 10^{3} x 47 x 10^{-6}} = 1.15 \text{ Hz}$$

Komponentenliste

- 1× 555 Timer Chip
- 1× 22 µF Kondensator
- 1× 680 Ω Widerstand
- 1× 10 kΩ Potentiometer
- 1× 3.3 kΩ Widerstand
- 1× 0.01µF Kondensator
- 1× rote 5 mm LED

- 1× 9 V Batterie
- 1× 9 V Batterieclip
- 1× Breadboard

Schaltplan: Abbildung 3.10 zeigt den Schaltplan des Projekts. Das Potentiometer ist in Reihe mit dem Zeitwiderstand R geschaltet.

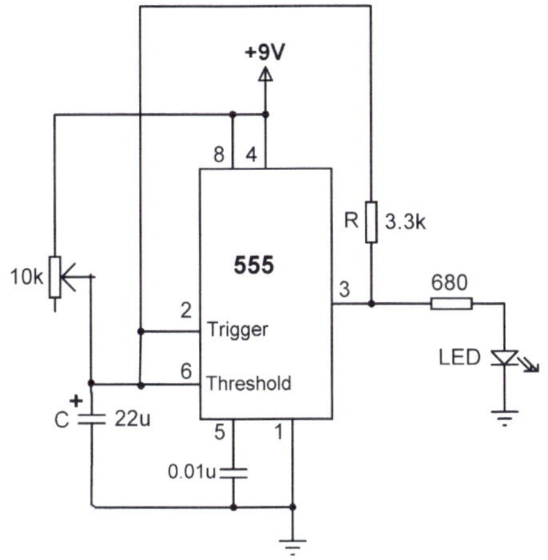

Abbildung 3.10: Schaltplan für das Projekt.

Fritzing-Diagramm: Abbildung 3.11 zeigt das Fritzing-Diagramm des Projekts.

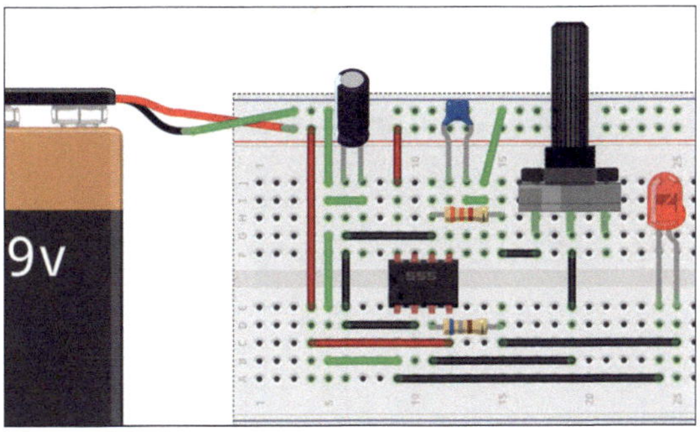

Abbildung 3.11: Fritzing-Diagramm für das Projekt.

Test: Schließen Sie die Batterie an den Schaltkreis an. Drehen Sie das Potentiometer und Sie sehen, wie sich die LED-Blitzrate von etwa 1 Hz auf 10 Hz ändert.

3.5 Projekt 4: Ändern der LED-Helligkeit

Beschreibung: In diesem Projekt wird der 555-Timer mit einem Potentiometer verwendet, um den Tastgrad der Spannungssignals, das an die LED angelegt wird, zu ändern. Die Frequenz der Schwingung wird auf etwa 100 Hz eingestellt. Wenn der Tastgrad geändert wird, ändert sich die durchschnittliche Spannung, die an die LED angelegt wird, was die Helligkeit der LED beeinflusst.

Blockdiagramm: Das Blockdiagramm des Projekts ist in Abbildung 3.9.

Design: Das Potentiometer wird in Reihe mit dem Zeitwiderstand verwendet, wie in Abschnitt 2.2.4 beschrieben, wo der Tastgrad von 0 % bis 100 % geändert wird. Wenn der Tastgrad niedrig ist, ist die LED-Helligkeit niedrig. Wenn der Tastgrad erhöht wird, wird die LED heller. In diesem Projekt ist der Tastgrad im Bereich von 5 % bis 95 % einstellbar.

Wie in Abschnitt 2.2.4 beschrieben, können die Bauteilwerte aus den folgenden Gleichungen berechnet werden:

$$RA = \frac{1.44}{fC} x Dmin$$

$$RC = \frac{RA}{Dmin} x Dmax - RA$$

$$RB = \frac{1.44}{fC} - RA - RC$$

Hier also: D_{min} = 0.05, D_{max} = 0.95, *f* = 100 Hz, und z. B. C = 1 µF. Damit:

$$RA = \frac{1.44}{fC} = \frac{1.44}{100 x 1 x 10^{-6}} x 0.05 = 720\,\Omega$$

$$RC = \frac{RA}{Dmin} x Dmax - RA = \frac{720}{0.05} x 0.95 - 720 = 12960$$

$$RB = \frac{1.44}{fC} - RA - RC = 14400\text{-}720\text{-}12960 = 720\,\Omega$$

Man nimmt am besten RA = 680 Ω, *RC* = 10 kΩ, RB = 680 Ω, C = 1 µF

Komponentenliste

- 1× 555 Timer Chip
- 1× 1 µF Kondensator
- 3× 680 Ω Widerstand
- 1× 10 kΩ Potentiometer
- 2× 1N4148 Dioden
- 1× 0.01µF Kondensator
- 1× rote 5 mm LED
- 1× 9 V Batterie
- 1× 9 V Batterieclip
- 1× Breadboard

Schaltplan: Abbildung 3.12 zeigt den Schaltplan des Projekts.

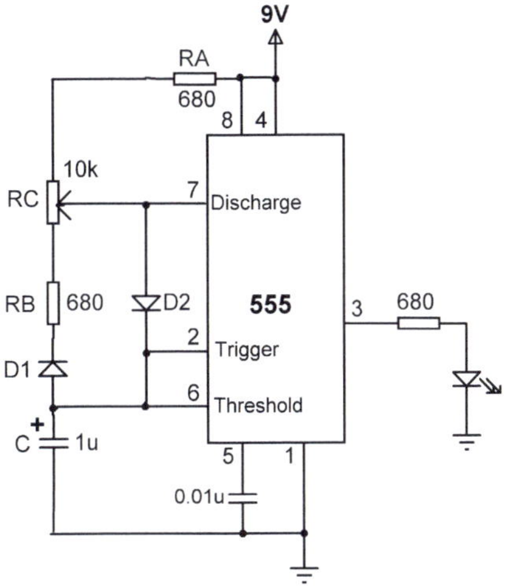

Abbildung 3.12: Schaltbild zum Projekt

Test: Schließen Sie die Batterie an. Drehen Sie die Potentiometerachse und beobachten Sie, wie sich die Helligkeit der LED ändert, während das Poti gedreht wird. Abbildung 3.13 zeigt die Ausgangsspannung, als das Tastverhältnis 5 % betrug und die LED gedimmt war. Ebenso zeigt Abbildung 3.14 den Ausgang, als das Tastverhältnis 95 % betrug und die LED hell war. Beachten Sie auch, dass die Ausgangsfrequenz sehr nahe bei 100 Hz liegt.

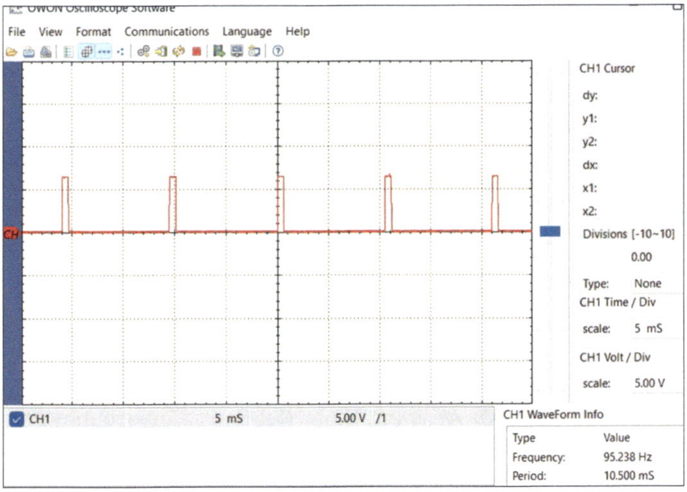

Abbildung 3.13: Ausgangsspannung mit 5 % Tastverhältnis.

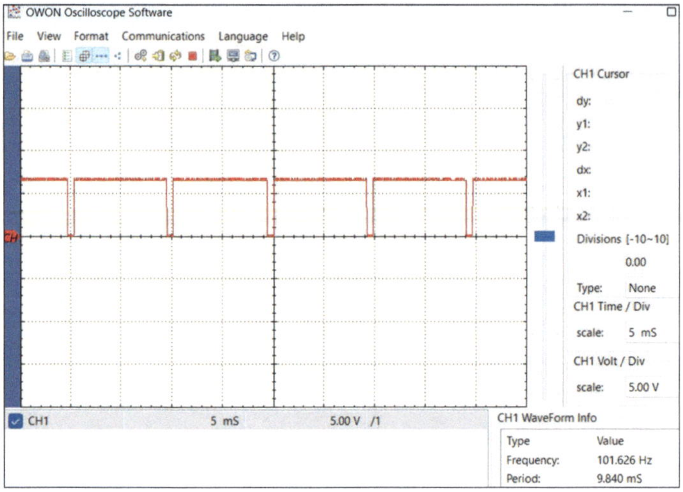

Abbildung 3.14: Ausgangsspannung mit 95 % Tastverhältnis.

3.6 Projekt 5: Touch-Sensor als Ein/Aus-Schalter

Beschreibung: In diesem Projekt werden leitende Metallsensoren verwendet, deren Berührung erkannt wird. Ein Drähtepaar schaltet den Ausgang ein, während das andere Paar den Ausgang ausschaltet. In diesem Projekt ist eine LED mit dem Ausgang verbunden. Diese kann durch andere Geräte wie kleine Motoren, Relais usw. ersetzt werden.

Blockdiagramm: Abbildung 3.15 zeigt das Blockdiagramm des Projekts.

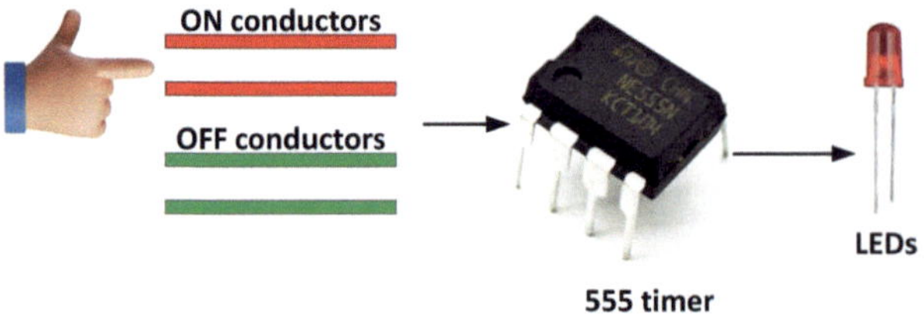

Abbildung 3.15: Blockdiagramm des Projekts.

Design: In Bezug auf Abbildung 2.1, wenn der Trigger-Pin (Pin 2) eine Spannung von weniger als 1/3 Vcc hat, wird der Ausgang High. Bei einer Versorgungsspannung von 9 V entspricht dies weniger als 3 V. Wenn der Threshold-Pin (Pin 6) hingegen eine Spannung von mehr als 2/3 Vcc hat, wird der Ausgang Low. Bei einer Versorgungsspannung von 9 V entspricht dies 6 V. Daher gilt:

Pin 2 unter 3 V → Ausgang wird High.
Pin 6 über 6 V → Ausgang wird Low.

Einschalten: Der Einschalter besteht aus zwei Leitern, wobei ein Leiter mit dem Erdpotenzial und der andere mit Pin 2 verbunden ist. Das Berühren beider Leiter erkennt 0 V und bringt den Ausgang auf High. Wenn die LED im Stromquellen-Modus angeschlossen ist, wird sie eingeschaltet. Wenn sie hingegen im Stromsenken-Modus angeschlossen ist, wird sie ausgeschaltet.

Ausschalten: Der Ausschalter besteht aus zwei Leitern, wobei einer der Leiter mit 9 V und der andere mit Pin 6 verbunden ist. Das Berühren beider Leiter erkennt eine positive Spannung und bringt den Ausgang zu Low. Wenn die LED im Stromquelle-Modus angeschlossen ist, wird sie ausgeschaltet. Wenn sie hingegen im Stromsenken-Modus angeschlossen ist, wird sie eingeschaltet.

Komponentenliste

- 1× 555 Timer Chip
- 1× rote 5 mm LED
- 1× 0.01 μF Kondensator
- 4× kurze Drähte
- 1× 9 V Batterie
- 1× Batterieclip
- 1× Breadboard

Schaltplan: Abbildung 3.16 zeigt das Schaltbild des Projekts. Die LED ist im Stromsenken-Modus an den 555-Ausgang angeschlossen.

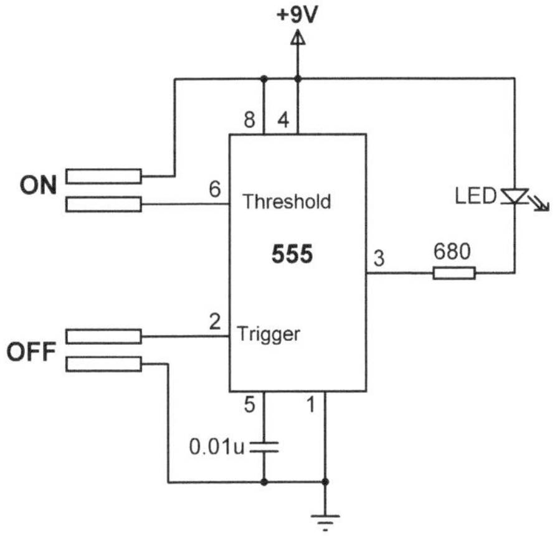

Abbildung 3.16: Schaltplan für das Projekt.

Konstruktion: Abbildung 3.17 zeigt das Projekt, auf einem kleinen Breadboard.

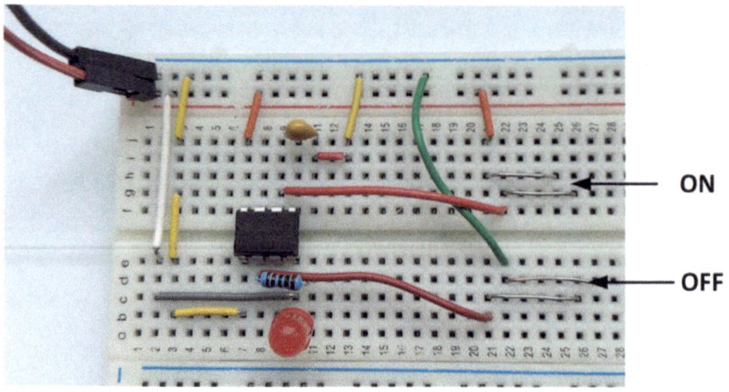

Abbildung 3.17: Konstruktion des Projekts auf einem Breadboard.

Test: Schließen Sie die Batterie an. Berühren Sie das Paar der Einschalter-Leiter, um die LED einzuschalten. Berühren Sie das Paar der Ausschalter-Leiter, um die LED auszuschalten.

3.7 Projekt 6: Drucktaster Ein/Aus-Schalter

Beschreibung: Dieses Projekt ist ähnlich wie das vorherige, jedoch werden hier die Drucktaster-Schalter verwendet, um die LED ein- und auszuschalten.

Blockdiagramm: Das Blockdiagramm des Projekts ist in Abbildung 3.18 dargestellt.

Abbildung 3.18: Blockdiagramm des Projekts.

Komponentenliste

- 1× 555 Timer Chip
- 1× rote 5 mm LED
- 1× 0.01 µF Kondensator
- 2× Druckschalter
- 1× 9 V Batterie
- 1× Batterieclip
- 1× Breadboard

Schaltbild: Abbildung 3.19 zeigt das Schaltbild, in dem zwei Drucktaster verwendet werden, um die LED ein- und auszuschalten. Wie im vorherigen Projekt kann die LED durch einen kleinen Motor oder ein Relais ersetzt werden.

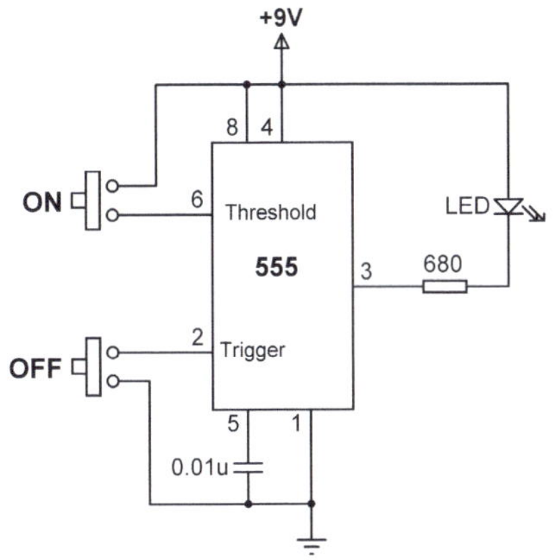

Abbildung 3.19: Schaltbild des Projekts.

Bau: Abbildung 3.20 zeigt das Projekt, auf einem kleinen Breadboard.

Abbildung 3.20: Projekt auf einem Breadboard.

Test: Schließen Sie die Batterie an. Drücken Sie die Drucktaster, um die LED ein- und auszuschalten.

3.8 Projekt 7: Abschaltverzögerung

Beschreibung: In diesem Projekt wird der Ausgang des 555-Timers für 110 Sekunden hoch, wenn er aktiviert wird, und kehrt dann auf Low zurück. Zum Beispiel kann ein Relais an den Ausgang angeschlossen werden, um ein Gerät, eine Lampe, einen Motor oder ein anderes benötigtes Gerät zu aktivieren. In diesem Projekt ist eine LED an den Ausgang angeschlossen. Diese Art von Schaltung wird auch als „Abschaltverzögerungsschaltung" bezeichnet.

Blockdiagramm: Abbildung 3.21 zeigt das Blockdiagramm des Projekts.

Abbildung 3.21: Blockdiagramm des Projekts.

Design: Die Schaltung ist im Wesentlichen monostabil, wobei die Pulsbreite auf 110 Sekunden eingestellt ist. Mithilfe des Online-Monostabil Rechners stellen Sie fest, dass die Werte der Timing-Komponenten wie folgt lauten:

R = 1 MΩ und C = 100 µF

Komponentenliste

- 1× 555 Timer Chip
- 1× 1 MΩ Widerstand
- 1× 10 kΩ Widerstand
- 1× 100 µF Kondensator
- 1× rote 5 mm LED
- 1× 0.01 µF Kondensator
- 1× Druckschalter
- 1× 9 V Batterie
- 1× Batterieclip
- 1× Breadboard

Schaltplan: Abbildung 3.22 zeigt das Schaltbild des Projekts. Die Schaltung ist als monostabile konfiguriert, mit einem Druckschalter, der an Pin 2 angeschlossen ist, um die Monostabile zu triggern.

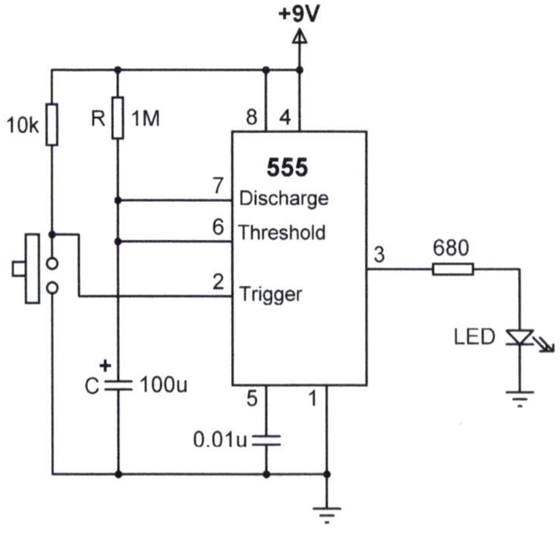

Abbildung 3.22: Schaltplan für das Projekt.

Aufbau: Abbildung 3.23 zeigt das Projekt, auf einem kleinen Breadboard.

Abbildung 3.23: Projekt auf einem Breadboard.

Test: Schließen Sie die Batterie an. Die LED sollte 110 Sekunden lang leuchten, wenn Sie den Druckschalter betätigen.

3.9 Project 8: Switch-On Delay

Beschreibung: In diesem Projekt ist der Ausgang des 555-Timers niedrig (Low), wenn keine Spannung an die Schaltung angelegt ist. Der Ausgang bleibt für die Dauer, die durch den RC-Kreis festgelegt ist, niedrig. Nach dieser Zeit geht der Ausgang hoch (High) und bleibt hoch, bis die Stromversorgung entfernt wird. Diese Art von Schaltung wird auch als „Turn-On Delay Circuit" bezeichnet.

Blockdiagramm: Das Blockdiagramm des Projekts ist dasselbe wie in Abbildung 3.21.

Design: Die Schaltung ist im Grunde eine Monostabile, bei der Widerstand und Kondensator vertauscht sind. Die Pulsbreite ist auf 110 Sekunden eingestellt, wie im vorherigen Projekt, d.h. R = 1 MΩ und C = 100 µF.

Komponentenliste

- 1× 555 Timer Chip
- 1× 1 MΩ Widerstand
- 1× 10 kΩ Widerstand
- 1× 100 µF Kondensator
- 1× rote 5 mm LED
- 1× 0.01 µF Kondensator
- 1× Drucktaster
- 1× 9 V Batterie
- 1× Batterieclip
- 1× Breadboard

Schaltplan: Abbildung 3.24 zeigt den Schaltplan des Projekts. Die Schaltung ist ähnlich wie in Abbildung 3.22, jedoch sind hier der Timing-Kondensator und der Widerstand vertauscht. Wenn die Stromversorgung an die Schaltung angelegt wird, ist der Kondensator zunächst entladen, und die Spannungen an den Pins 2 und 6 sind hoch (High), was dazu führt, dass der Ausgang auf niedrig (Low) geht. Während der Kondensator geladen wird, wird die Spannung an Pin 2 niedrig, und der Monostabile wird ausgelöst, wodurch der Ausgang hoch (High) geht. Gleichzeitig ist die Schwellenspannung niedrig. Der Ausgang bleibt hoch, bis die Stromversorgung von der Schaltung entfernt wird.

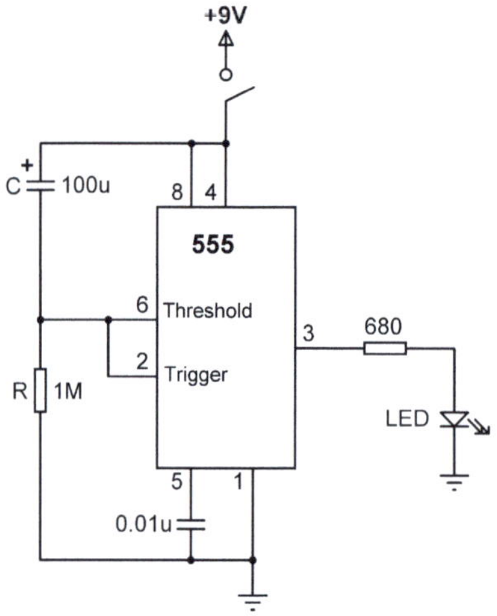

Abbildung 3.24: Schaltplan für das Projekt.

Konstruktion: Abbildung 3.25 zeigt das Projekt, das auf einem kleinen Breadboard aufgebaut ist.

Abbildung 3.25: Projekt auf einem Breadboard.

Test: Verbinden Sie die Batterie. Die LED sollte aus (Off) sein und nach etwa 110 Sekunden einschalten (On) und bis zur Entfernung der Batterie eingeschaltet bleiben.

3.10 Projekt 9: Lichtabhängiger Klang

Beschreibung: Dies ist ein Projekt mit astabiler Schaltung. Ein lichtabhängiger Widerstand (LDR) wird zusammen mit dem Timing-Widerstand verwendet. Wenn Sie Ihre Hand über den LDR halten, ändert sich die Lichtmenge, die auf die Oberfläche des LDR fällt, was wiederum seinen Widerstand verändert. Infolgedessen ändert sich die Frequenz des astabilen Schwingung, die über einen Summer (oder Lautsprecher) ausgegeben wird. In diesem Projekt wird ein passiver Summer verwendet.

Blockdiagramm: Das Blockdiagramm des Projekts ist in Abbildung 3.26 dargestellt.

Abbildung 3.26: Blockdiagramm des Projekts.

Design: Der Widerstand eines LDR hängt von der Menge des darauf fallenden Lichts ab. Bei hellem Licht (wie Tageslicht) ist sein Widerstand niedrig, im Bereich von mehreren Kiloohm. Der Widerstand steigt, wenn die Menge des auf den LDR fallenden Lichts abnimmt (d.h. wenn es dunkler wird) und kann mehrere Hundert Kiloohm oder Megaohm betragen. Abbildung 3.27 zeigt die typische Widerstands-zu-Licht-Eigenschaft eines LDR.

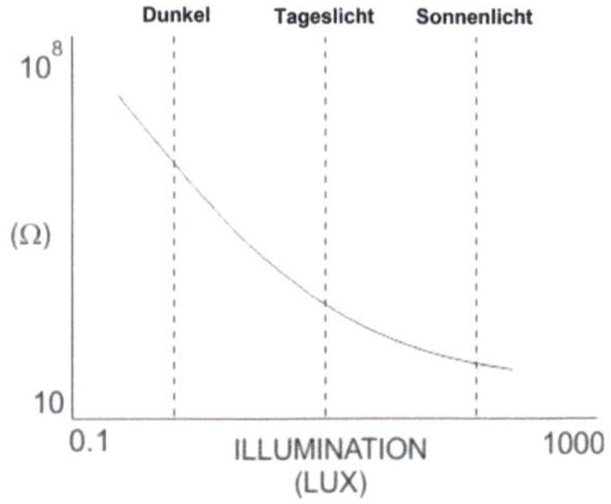

Abbildung 3.27: Typische Widerstands-zu-Licht-Eigenschaft eines LDR.

In Anbetracht des astabilen Schaltkreises in Abbildung 3.2 und unter Verwendung des astabilen Online-Rechners nehmen wir an, dass der Widerstand des LDR (R1) bei normalem Tageslicht etwa 10 kΩ beträgt. Angenommen wir haben, C = 10 nF, dann können Sie R2 zu 10 kΩ wählen, was eine Ausgangsfrequenz von 4810 Hz ergibt. Wenn der Widerstand des LDR 1 MΩ beträgt, liegt die Frequenz bei 141 Hz. Wenn Sie also Ihre Hand über den LDR halten, würden Sie erwarten, dass sich die Ausgangsfrequenz von etwa 4800 Hz oder sogar höher auf etwa 141 Hz oder niedriger ändert.

Komponentenliste

- 1× 555 Timer Chip
- 1× LDR
- 1× 10 kΩ Widerstand
- 1× 10 nF Kondensator
- 1× Passiver Buzzer

- 1× 0.01 µF Kondensator
- 1× 9V Batterie
- 1× Batterieclip
- 1× Breadboard

Schaltplan: Abbildung 3.28 zeigt den Schaltplan des Projekts. Der LDR ist als Widerstand R1 verbunden. Der passive Summer ist im Stromquelle-Modus mit dem Ausgang verbunden.

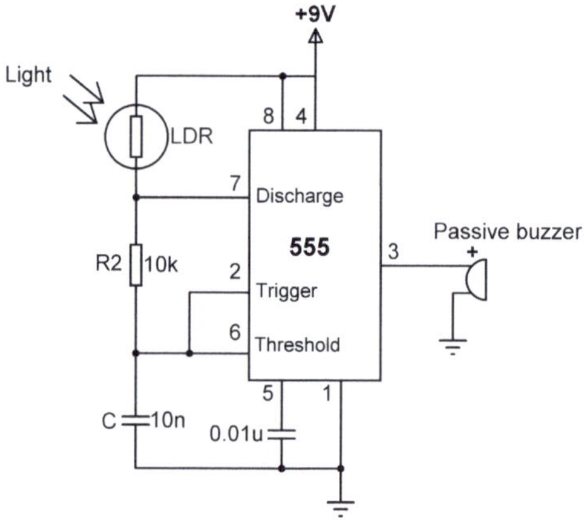

Abbildung 3.28: Schaltplan für das Projekt.

Aufbau: Abbildung 3.29 zeigt den auf einem Breadboard aufgebauten Schaltkreis.

Abbildung 3.29: Projekt, das auf einem Breadboard aufgebaut ist.

Test: Schließen Sie die Batterie an. Der Summer sollte ertönen. Halten Sie Ihre Hand über den LDR, um die Menge des auf ihn fallenden Lichts zu ändern, und die Frequenz des Tons sollte sich ändern.

Verwendung eines Lautsprechers:
In Abbildung 3.28 kann auch ein Lautsprecher wie in Abbildung 3.30 verwenden werden.

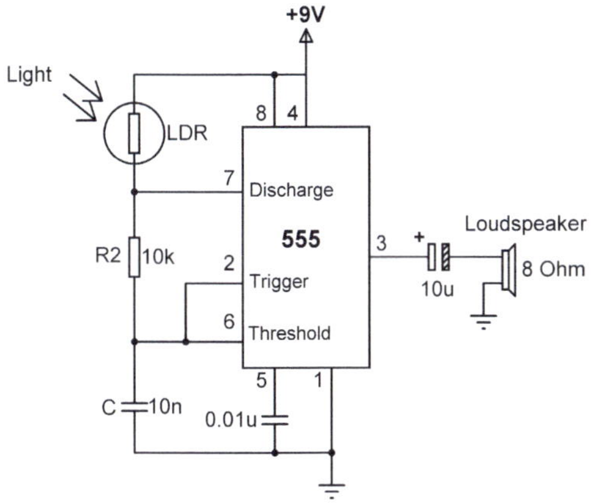

Abbildung 3.30: Verwendung eines Lautsprechers am Ausgang.

3.11 Projekt 10: Dunkelheitssensor

Beschreibung: In diesem Schaltkreis ist eine LED an den Ausgang des 555-Timers angeschlossen. Ein LDR wird verwendet, um den Umgebungslichtpegel zu messen, wie im vorherigen Projekt. Bei Tageslicht ist die LED aus, und sie leuchtet auf, wenn es dunkel wird. Die LED in diesem Projekt kann durch ein Relais ersetzt werden, sodass das Projekt verwendet werden kann, um automatisch Gartenlichter oder nichtöffentliche Straßen- oder Durchgangsbeleuchtung einzuschalten.

Blockdiagramm: Das Blockdiagramm des Projekts ist in Abbildung 3.31 dargestellt.

Abbildung 3.31: Blockdiagramm des Projekts.

Design: In diesem Schaltkreis ist der LDR in Serie mit einem Widerstand geschaltet, und die Verbindung dieser beiden ist mit dem Reset-Eingang des 555-Timers verbunden. Denken Sie daran, dass der 555-Timer zurückgesetzt wird, wenn sein Reset-Eingang niedrig ist, und der Ausgang in diesem Zustand auf niedrig gezwungen wird. Die LED ist im Stromsenkmodus verbunden, sodass sie leuchtet, wenn der Ausgang niedrig ist. Bei Tageslicht ist die Verbindungsspannung hoch, und als Ergebnis ist der Reset hoch, der Ausgang hoch, da sowohl der Schwellenwert als auch der Trigger niedrig sind und die LED aus ist. Wenn es dunkel wird, fällt die Verbindungsspannung, der Reset wird aktiv, der Ausgang wird auf Low geschaltet, und die LED leuchtet auf.

Komponentenliste

- 1× 555 Timer Chip
- 1× LDR
- 1× 10 kΩ Widerstand
- 1× 4.7 kΩ Widerstand
- 1× rote 5 mm LED
- 1× 0.01 µF Kondensator
- 1× 9 V Batterie
- 1× Batterieclip
- 1× Breadboard

Schaltplan: Abbildung 3.32 zeigt das Schaltbild des Projekts. Der LDR ist in Serie mit einem 4,7 kΩ Widerstand (R1) verbunden. Die Reset-Spannung wird an der Verbindung des Spannungsteilers aus LDR und dem 4,7 kΩ Widerstand gegeben:

$$V_{reset} = 9\ R1 / (R1 + R_{ldr})$$

Dabei ist Rldr der Widerstand des LDR. Bei Tageslicht gilt Rldr≪R1, und die Reset-Spannung ist hoch. Wenn es dunkel wird, gilt Rldr≫R1 und die Reset-Spannung ist niedrig. Ein Potentiometer kann anstelle von R1 verwendet werden, um den Lichtpegel anzupassen, bei dem die LED (oder eine andere Last) eingeschaltet werden soll.

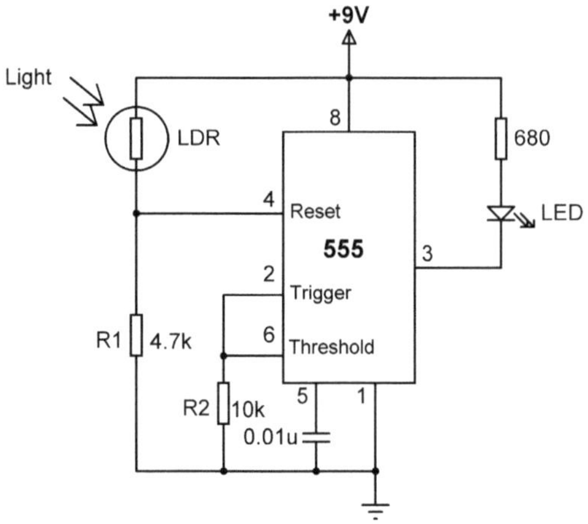

Abbildung 3.32: Schaltbild des Projekts.

Aufbau: Abbildung 3.33 zeigt den Schaltkreis, der auf einem Breadboard aufgebaut ist.

Abbildung 3.33: Projekt auf einem Breadboard.

Test: Schließen Sie die Batterie an. Die LED sollte aus sein, wenn Licht auf den LDR trifft. Decken Sie die Oberseite des LDR ab, und Sie sollten sehen, dass die LED angeht.

Verwendung eines Relaisausgangs:
Sie müssen möglicherweise ein Relais verwenden, wenn Sie größere Lasten wie Motoren, Lampen usw. steuern möchten. Abbildung 3.34 zeigt, wie ein Relais an den Schaltkreis angeschlossen werden kann.

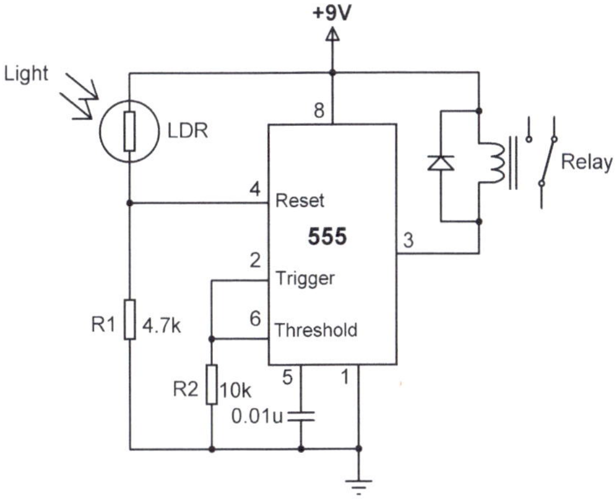

Abbildung 3.34: Anschluss eines Relais.

3.12 Projekt 11: Lichtsensor

Beschreibung: In diesem Schaltkreis ist eine LED an den Ausgang des 555-Timers angeschlossen. Ein LDR wird verwendet, um den Umgebungslichtpegel zu erfassen, wie im vorherigen Projekt. Bei Tageslicht ist die LED eingeschaltet und sie schaltet sich aus, wenn es dunkel wird. Die LED in diesem Projekt kann durch ein Relais ersetzt werden, sodass das Projekt zur Steuerung von Vorhängen über ein Relais und einen Motor verwendet werden kann.

Blockdiagramm: Das Blockdiagramm des Projekts ist das gleiche wie in Abbildung 3.31.

Design: Dieses Design ist sehr ähnlich zu dem vorherigen, aber hier ist die Last im Stromquelle-Modus angeschlossen, sodass sie eingeschaltet wird, wenn der Ausgang High ist. Bei Tageslicht ist die Spannung an der Verbindung hoch, wodurch der Reset hoch ist, der Ausgang hoch ist, da sowohl Schwellenwert als auch Trigger niedrig sind, und die LED eingeschaltet ist. Wenn es dunkel wird, sinkt die Spannung an der Verbindung, der Reset wird aktiv und der Ausgang wird auf Low gezwungen, sodass die LED sich ausschaltet.

Komponentenliste: Die gleichen Komponenten werden wie im vorherigen Projekt verwendet.

Schaltplan: Abbildung 3.35 zeigt den Schaltplan des Projekts. Beachten Sie, dass dies das gleiche ist wie Abbildung 3.32, aber hier ist die Last im Stromquelle-Modus angeschlossen. Ein Potentiometer kann anstelle von R1 verwendet werden, um den Lichtpegel einzustellen, bei dem die LED (oder eine andere Last) ausgeschaltet werden soll.

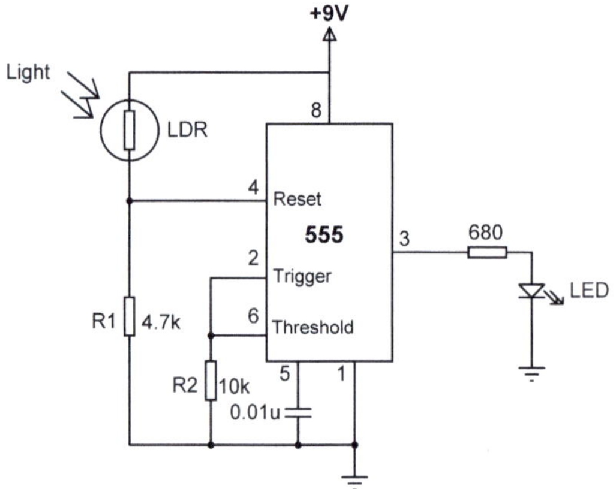

Abbildung 3.35: Schaltplan für das Projekt.

3.13 Projekt 12: Astabiler Frequenzgenerator

Beschreibung: Diese Schaltung kann verwendet werden, um Rechteckwellen mit festen Frequenzen von 0,1 Hz, 1 Hz, 10 Hz, 1 kHz, 10 kHz und 100 kHz zu erzeugen.

Design: In diesem Design sind die Widerstände R1 und R2 fest und verschiedene Kondensatoren werden verwendet, um unterschiedliche Frequenzen zu erzeugen. R1 und R2 wurden auf 6,8 kΩ bzw. 68 kΩ eingestellt. In Bezug auf den astabilen Online-Rechner wurden die folgenden Werte für die Kondensatoren verwendet, um die erforderlichen festen Frequenzen zu erzeugen:

100 µF	0.1 Hz
10 µF	1 Hz
1 µF	10 Hz
0.1 µF	100 Hz

10 nF	1 kHz
1 nF	10 kHz
100 pF	100 kHz

Komponentenliste

- 1× 555 Timer Chip
- 1× 6.8 kΩ Widerstand
- 1× 68 kΩ Widerstand
- 1× 100 µF Kondensator
- 1× 10 µF Kondensator
- 1× 1 µF Kondensator
- 1× 10 nF Kondensator
- 1× 1 nF Kondensator
- 1× 100 pF Kondensator
- 2× 0.01 µF Kondensator
- 1× 9 V Batterie
- 1× Batterieclip
- 1× Breadboard

Schaltung: Abbildung 3.36 zeigt das Schaltkreisdiagramm. Eine andere feste Frequenz wird durch die Auswahl eines anderen Kondensators erhalten.

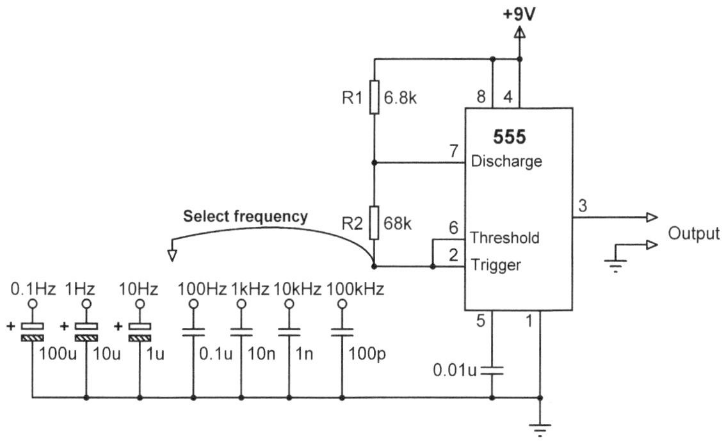

Abbildung 3.36: Schaltplan zum Projekt.

Konstruktion: Abbildung 3.37 zeigt das Projekt, das auf einem Breadboard aufgebaut wurde.

Abbildung 3.37: Projekt auf einem Breadboard.

Test: Abbildung 3.38 zeigt die Ausgangswelle auf dem Oszilloskop, als 1 kHz ausgewählt wurde (C = 10 nF). In diesem Bild war die horizontale Achse auf 500 µs/div eingestellt. Die Frequenz wurde als 1,018 kHz angezeigt.

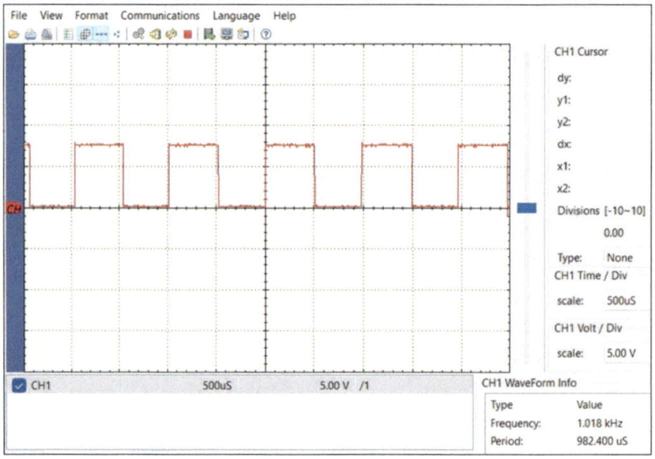

Abbildung 3.38: 1 kHz Ausgangswelle.

3.14 Projekt 13: Ton-Burstgenerator

Beschreibung: Dieser Schaltkreis umfasst einen Drucktaster und einen Summer. Er erzeugt einen Ton mit fester Frequenz für eine bestimmte Zeit, nachdem der Drucktaster gedrückt und wieder losgelassen wurde.

Blockdiagramm: Abbildung 3.39 zeigt das Blockdiagramm des Projekts.

Abbildung 3.39: Blockdiagramm des Projekts.

Design: Der Schaltkreis ist als astabil konfiguriert mit einer festen Frequenz von 296 Hz (dies kann leicht durch Ändern der Timing-Widerstände R1 und R2 sowie C1 geändert werden). Der Reset-Pin (Pin 4) ist mit dem Taster verbunden. Wenn der Schalter noch nicht gedrückt ist, liegt am Pin 4 eine niedrige Spannung an, was den Timer zurücksetzt und die Ausgabe auf niedrig zwingt. Das Drücken des Tasters verbindet den Reset-Pin mit +9 V, was dazu führt, dass der Ton erzeugt wird und an den Summer ausgegeben wird. Gleichzeitig lädt sich der Kondensator C2 über R3 auf. Das Loslassen des Tasters trennt den Reset-Pin von der Versorgung, aber er bleibt durch den aufgeladenen Kondensator auf hoch. Die Tonausgabe wird fortgesetzt. Nach einer Weile entlädt sich C2 auf eine Spannung unterhalb des Niveaus, das erforderlich ist, damit der Reset aktiv bleibt, und die Ausgabe wird auf niedrig gezwungen, was den Ton stoppt. Eine Erhöhung des Wertes von C2 erhöht die Dauer der Tonausgabe. Ebenso verringert eine Abnahme des Wertes von C2 die Dauer der Tonausgabe.

Komponentenliste

- 1× 555 Timer Chip
- 1× 4.7 kΩ Widerstand
- 1× 22 kΩ Widerstand
- 1× 5.6 kΩ Widerstand
- 1× 10 kΩ Widerstand
- 1× 0.1 µF Kondensator
- 1× 9 V Batterie
- 1× Batterieclip
- 1× Breadboard

Schaltbild: Abbildung 3.40 zeigt das Schaltkreisdiagramm.

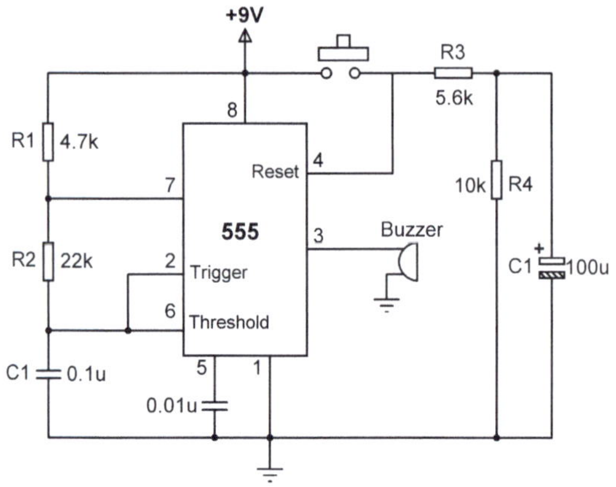

Abbildung 3.40: Schaltkreisdiagramm für das Projekt.

Konstruktion: Abbildung 3.41 zeigt das Projekt, auf einem Breadboard:

Abbildung 3.41: Projekt auf einem Breadboard.

Test: Schließen Sie die Batterie an den Schaltkreis an. Beim Drücken des Schalters sollte ein kurzen Ton aus dem Summer zu hören sein.

3.15 Projekt 14: Schalter für Schubladen-/Schrankbeleuchtung

Beschreibung: In diesem Projekt wird ein Schalter vom Typ „Push-to-Break" aktiviert, wenn eine Schublade oder ein Schrank geöffnet wird. Dadurch wird eine weiße LED für ungefähr 60 Sekunden eingeschaltet. Am Ende dieses Zeitraums schaltet sich die LED aus.

Blockdiagramm: Abbildung 3.42 zeigt das Blockdiagramm des Projekts.

Abbildung 3.42: Blockdiagramm des Projekts.

Design: Der Schaltkreis ist als monostabil konfiguriert und hat eine Schaltzeit von 60 Sekunden. Der Push-to-Break-Schalter ist im Batteriekreis. Wenn die Schublade oder der Schrank geschlossen ist, sind die Schalterkontakte offen und es gibt keinen Strom für den Schaltkreis. Das Öffnen der Schublade oder des Schranks aktiviert den Schalter, der dann den Strom für den Schaltkreis liefert und die weiße LED einschaltet.

Mit dem Online-Rechner für monostabile 555-Schaltungen wurde festgestellt, dass der erforderliche Wert des Timing-Widerstands R = 560 kΩ und C = 100 µF beträgt, was einen Ausgangspuls mit einer Dauer von 61,6 Sekunden ergibt.

Die LED ist im Stromquelle-Modus angeschlossen. Der Spannungsabfall über einer weißen LED beträgt etwa 3,1 V und der Strom beträgt etwa 20 mA. Daher ergibt sich der Wert des erforderlichen strombegrenzenden Widerstands zu:

$$R = 9\ V - 3.1\ V / 20\ mA = 295\ \Omega.$$

Es kann also ein 270 Ω Widerstand verwendet werden. Möglicherweise möchten Sie zwei oder mehr LEDs verwenden, um die Helligkeit des Lichts zu erhöhen. Der Wert des erforderlichen strombegrenzenden Widerstands wird dann

1 LED	R = 270 Ω
2 LEDs	R = 150 Ω
3 LEDs	R = 100 Ω

Komponentenliste

- 1× 555 Timer Chip
- 1× 560 kΩ Widerstand
- 1× 270 Ω Widerstand
- 1× 100 µF Kondensator
- 1× 0.1 µF Kondensator
- 1× Unterbrechungsschalter
- 1× weisse 5 mm LED
- 1× 9 V Batterie
- 1× Batterieclip
- 1× Breadboard

Schaltkreisdiagramm: Abbildung 3.43 zeigt das Schaltkreisdiagramm des Projekts. Der Trigger-Eingang des 555 Timers ist mit Masse verbunden, sodass der Schaltkreis automatisch ausgelöst wird, sobald die Stromversorgung angeschlossen ist.

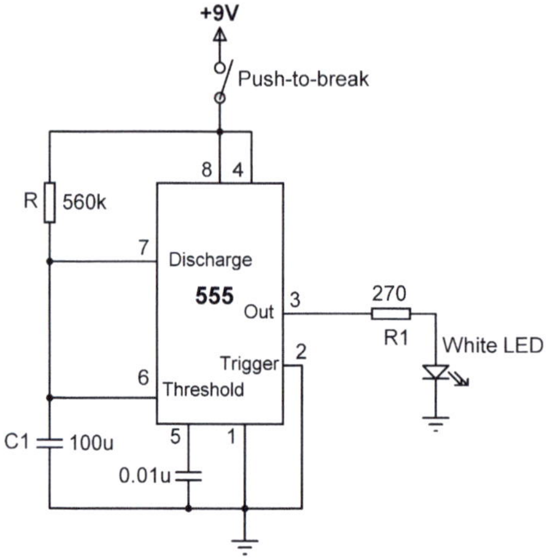

Abildung 3.43: Schaltkreisdiagramm für das Projekt.

Testen: Halten Sie den Knopf gedrückt und schließen Sie die Batterie an den Schaltkreis an. Lassen Sie dann den Knopf los und Sie sollten sehen, dass die weiße LED für etwa 60 Sekunden eingeschaltet wird.

3.16 Projekt 15: Langzeit-Timer mit Dezimalzähler

Beschreibung: Durch die Verwendung großer Kondensatoren und Widerstände kann die Dauer eines 555-Timer-Schaltkreises verlängert werden. Leider ist die Dauer jedoch nicht sehr genau, wenn sie über 10 Minuten oder mehr hinausgeht. Dies liegt daran, dass die elektrolytischen Kondensatoren große Toleranzen aufweisen, Leckströme haben und sich ihre Eigenschaften mit der Temperatur ändern können. In Anwendungen, in denen eine genaue lange Dauer erforderlich ist, können Sie Binärzähler-ICs (auch als Binärteiler-ICs bezeichnet) verwenden. Durch den Anschluss eines Zähler-ICs an den Ausgang eines 555-Timers können Sie das Signal durch 2, 4, 8, 16, 32 usw. teilen. Wenn der 555-Timer beispielsweise für einen genauen Betrieb von 1 Minute konfiguriert ist, indem Komponenten mit niedriger Toleranz ausgewählt werden, beträgt der Ausgang des Zähler-ICs 1 Minute, 2 Minuten, 3 Minuten, 4 Minuten, 5 Minuten usw.

Blockdiagramm: Abbildung 3.44 zeigt das Blockdiagramm des Projekts. In diesem Projekt wird ein CD4017-Dekadenzähler-IC verwendet.

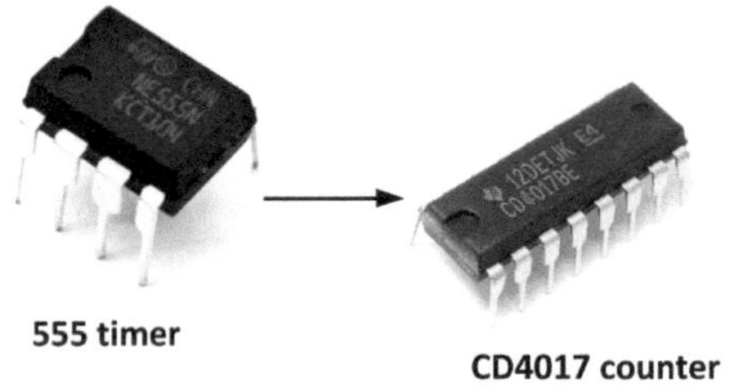

Abbildung 3.44: Blockdiagramm des Projekts.

Design: Der CD4017 ist ein Dekadenzähler-IC mit 10 Ausgängen und zählt bis 10. Der Clock-Eingang des Zählers ist mit dem Ausgang des 555-Timers verbunden. Die Zählung erhöht sich um eins für jede steigende Flanke des Eingangstaktes. Nachdem die Zählung 9 erreicht hat, beginnt sie mit dem nächsten Taktsignal wieder bei 0.

Abbildung 3.45 zeigt die Pinbelegung des CD4017-Zähler-ICs.

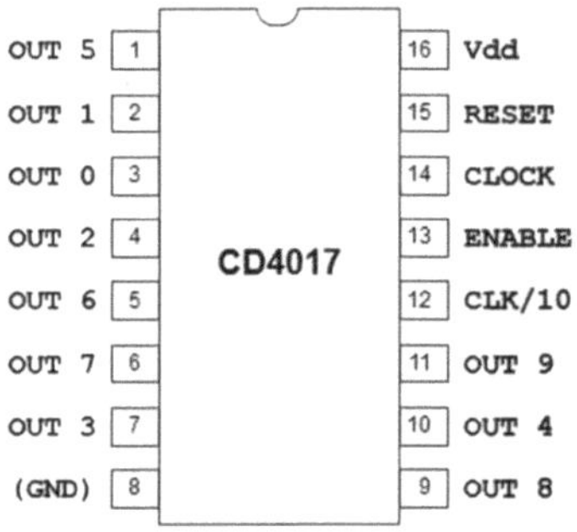

Abbildung 3.45: CD4017-Zähler-IC.

Die Pinbelegungen sind:

- **OUT 0 bis OUT 9:** Ausgangspins
- **Clock:** Erhöht den Zähler um eins, jedes Mal wenn dieser Pin von Low nach High wechselt.
- **Reset:** Wenn dieser Pin High gesetzt wird, werden die Zählerausgänge auf 0 zurückgesetzt. Er wird für den normalen Betrieb auf Low gesetzt.
- **Enable:** Dieser Pin deaktiviert den Zähler, sodass alle Takteingaben ignoriert werden. Der Zähler ist aktiviert, wenn dieser Pin Low ist.
- **CLK/10:** Dieser Pin wird auch als CO (Carry Out) bezeichnet und wechselt von Low nach High, wenn der Zähler 10 erreicht und wieder auf 0 zurückgesetzt wird. Dieser Pin kann verwendet werden, um einen weiteren CD4017 in den Schaltkreis zu kaskadieren.

Ein astabiler Schaltkreis wird in diesem Projekt verwendet, dessen Ausgang auf 60-Sekunden-Pulse eingestellt ist. Mithilfe des Online-Astabil Rechners können Sie die folgenden Komponenten verwenden:

- **R1 = 1 MΩ**
- **R2 = 812 kΩ.** Verwenden wir einen 1 MΩ Potentiometer, damit die Frequenz genau eingestellt werden kann.
- **C1 = 33 µF**

Komponentenliste

- 1× 555 Timer Chip
- 1× CD4017 Zählerbaustein
- 1× 1 MΩ Widerstand
- 1× 1 MΩ potentiometer
- 1× 33 µF Kondensator
- 1× 0.1 µF Kondensator
- 1× 9 V Batterie
- 1× Batterieclip
- 1× Breadboard

Schaltplan: Abbildung 3.46 zeigt den Schaltplan des Projekts. Der Schaltkreis ist als astabil konfiguriert, wobei sein Ausgang mit dem CD4017-Zählerchip verbunden ist.

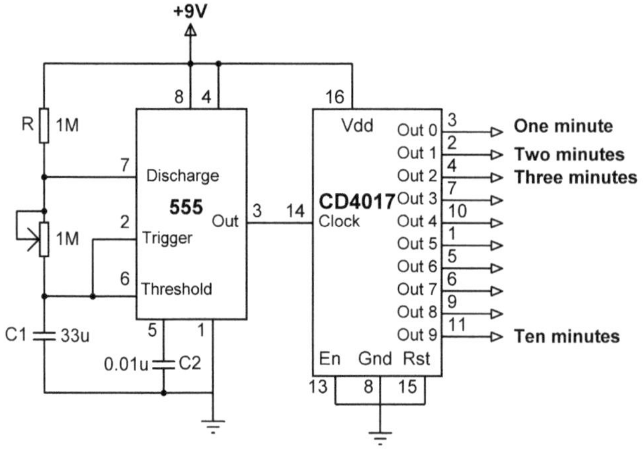

Abbildung 3.46: Schaltplan für das Projekt.

Test: LEDs können an die Ausgänge des Zählerchips angeschlossen werden, um die Dauer der Ein-/Ausschaltzeiten zu beobachten. Alternativ können die Ausgänge mit einem Oszilloskop beobachtet werden. Die Zählerchips können für längere Zeitverzögerungen kaskadiert werden.

3.17 Projekt 16: Langzeit-Timer mit Binärzähler

Beschreibung: Dieses Projekt ist ähnlich wie das vorherige, aber hier wird ein CD4024-Typ 7-stufiger Binärzählerchip am Ausgang des 555-Timers verwendet. Der Ausgang dieses Zählerchips teilt das Eingangssignal durch 2, 4, 8, 16, 32, 64. Wenn die Eingangsimpulsdauer also 1 Minute beträgt, beträgt die Ausgangsimpulsdauer 1 Minute, 2 Minuten, 4 Minuten, 8 Minuten, 16 Minuten usw.

Blockdiagramm: Abbildung 3.47 zeigt das Blockdiagramm des Projekts. In diesem Projekt wird ein CD4024 als 7-stufiger Binärzähler verwendet.

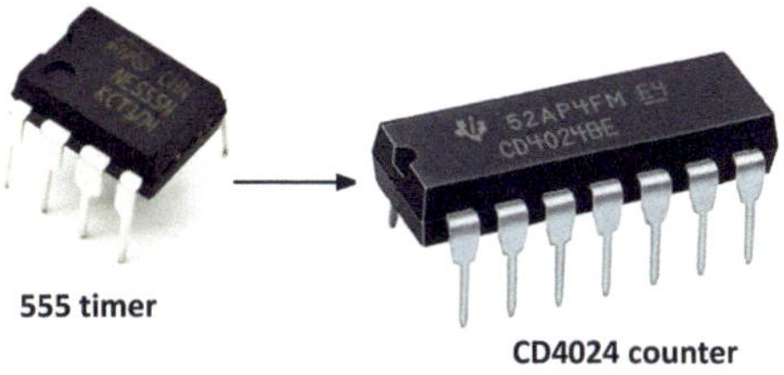

Abbildung 3.47: Blockdiagramm des Projekts.

Design: Der CD4024 ist ein Binärzählerchip mit 7 Ausgängen, der binär hochzählt. Der Taktanschluss des Zählers ist mit dem Ausgang des 555-Timers verbunden. Die Zählung erhöht sich um eins bei jeder steigenden Flanke des Eingangstaktimpulses.

Abbildung 3.48 zeigt die Anschlussbelegung des CD4024-Zählerchips.

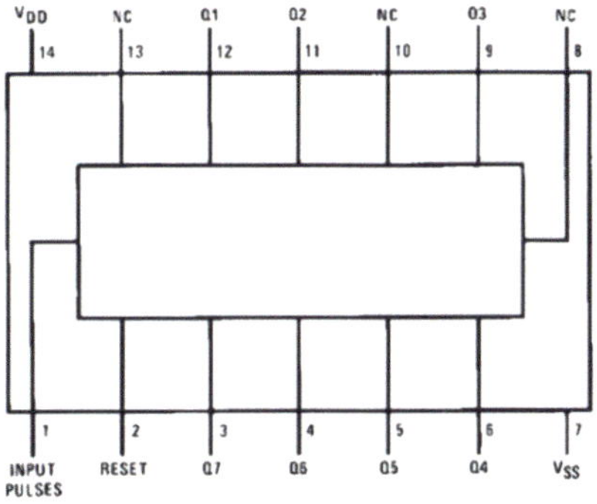

Abbildung 3.48: CD4024-Zählerchip.

Die Anschlussdefinitionen sind:

- Eingangsimpulse: Taktanschluss
- Zurücksetzen: High zum Zurücksetzen der Ausgänge
- Q1 bis Q7: Binärausgänge
- Vss: Versorgungsmasse
- Vdd: Stromversorgung

Derselbe astabile Schaltkreis wie im vorherigen Projekt wird verwendet, wobei der 555-Timer so konfiguriert ist, dass er 1-minütige Impulse ausgibt. d.h.

R1 = 1 MΩ
R2 = 812 kΩ. Mit einen 1 MΩ Potentiometer, kann die Frequenz genau eingestellt werden
C1 = 33 µF

Komponentenliste

- 1× 555 Timer Chip
- 1× CD4024 Zählerbaustein
- 1× 1 MΩ Widerstand
- 1× 1 MΩ Potentiometer
- 1× 33 µF Kondensator
- 1× 0.1 µF Kondensator
- 1× 9 V Batterie
- 1× Batterieclip
- 1× Breadboard

Schaltbild: Abbildung 3.49 zeigt das Schaltbild des Projekts. Der Schaltkreis ist als astabil konfiguriert, wobei der Ausgang mit dem CD4024-Zählerchip verbunden ist.

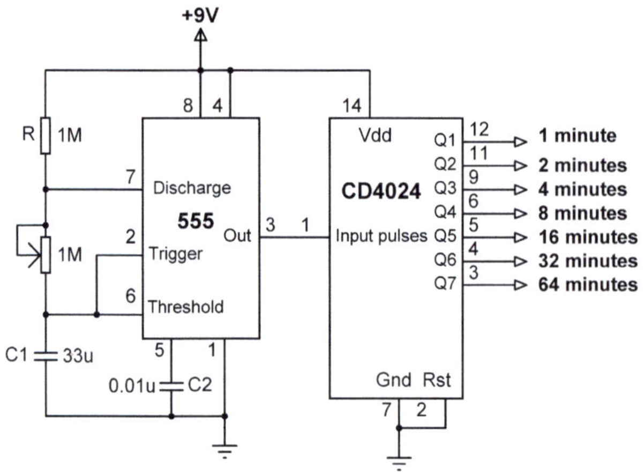

Abbildung 3.49: Schaltbild des Projekts.

Test: LEDs können an die Ausgänge des Zählerchips angeschlossen werden, um die Dauer der Ein/Aus-Zeiten zu beobachten. Alternativ können die Ausgänge auf einem Oszilloskop beobachtet werden.

3.18 Projekt 17: LEDs Lauflicht

Beschreibung: Dieses Projekt verwendet einen 555-Timer im astabilen Modus und einen CD4017-Zählerchip, wobei der Ausgang des 555-Timers den Takteingang des Zählers steuert. An den Zählerchip sind 10 LEDs angeschlossen. Jedes Mal, wenn ein Taktsignal an den Zähler gesendet wird, wird die nächste LED eingeschaltet. Dadurch scheint es, als würden die LEDs nacheinander leuchten, wobei die nächste LED in einer Sequenz ein- und ausgeschaltet wird. Die Frequenz des 555-Timers wurde auf etwa 1 Hz eingestellt, sodass jede LED etwa 1 Sekunde lang leuchtet.

Blockdiagramm: Abbildung 3.50 zeigt das Blockdiagramm des Projekts.

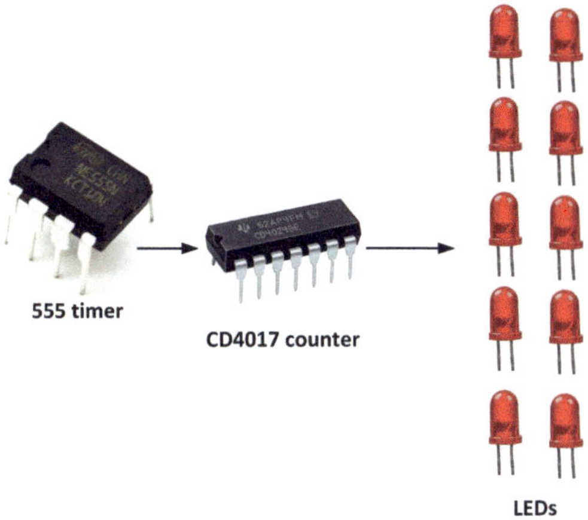

Abbildung 3.50: Blockdiagramm des Projekts.

Design: Der 555-Timer ist als astabiler Oszillator mit einer Frequenz von etwa 1 Hz konfiguriert. Die Komponenten wurden mithilfe des Online-Rechners ausgewählt und waren wie folgt:

R1 = R2 = 47 kΩ
C1 = 10 µF

Ein einzelner Strombegrenzungswiderstand wurde verwendet, weil immer nur eine LED eingeschaltet ist. In diesem Projekt kommen kleine rote 3-mm LEDs zum Einsatz. Der Spannungsabfall über diesen LEDs beträgt etwa 2 V, und der Strom durch die LEDs liegt bei etwa 3 mA. Der Wert des Strombegrenzungswiderstands wurde berechnet zu:

R = (9 V - 2 V) / 3 mA = 2,3 kΩ, also wird ein 2,2 kΩ Widerstand im Projekt verwendet.

Komponentenliste

- 1× 555 Timer Chip
- 1× CD4017 Zählerbaustein
- 2× 47 kΩ Widerstand
- 1× 2.2 kΩ Widerstand
- 1× 10 µF Kondensator
- 1× 0.1 µF Kondensator
- 10× 3 mm diam. red LEDs

- 1× 9 V Batterie
- 1× Batterieclip
- 1× Breadboard

Schaltbild: Abbildung 3.51 zeigt das Schaltbild des Projekts.

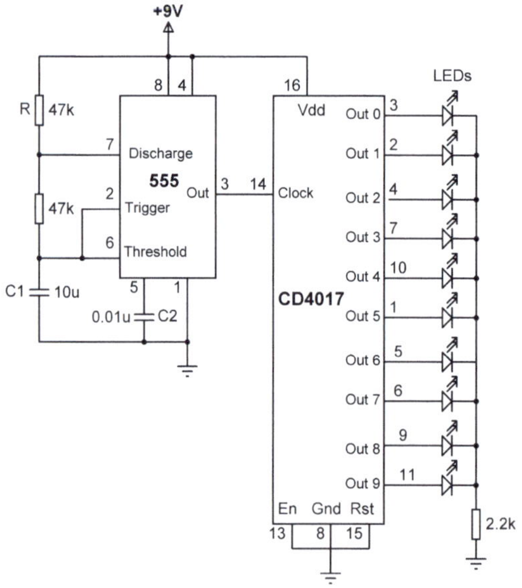

Abbildung 3.51: Schaltbild für das Projekt.

Konstruktion: Das Projekt wurde auf einem kleinen Breadboard wie in Abbildung 3.52 dargestellt aufgebaut.

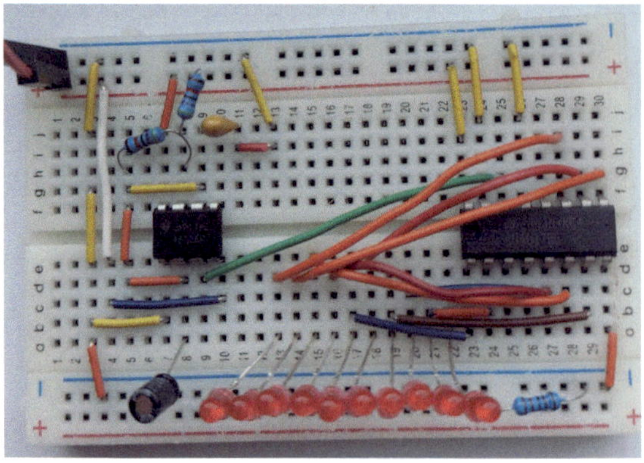

Abbildung 3.52: Projekt auf einem Breadboard.

Test: Schließen Sie die Batterie an den Schaltkreis an. Sie sollten sehen, dass die LEDs nacheinander aufleuchten, als ob sie sich gegenseitig verfolgten.

3.19 Projekt 18: LED-Roulette-Spiel

Beschreibung: Ein Roulette-Spielrad besteht aus Zahlen, die kreisförmig angeordnet sind. Die Spieler setzen, indem sie Token auf die Zahlen platzieren, die sie wählen. Eine kleine Kugel wird vom Croupier eingeworfen, und nachdem das Roulette-Rad ausgedreht hat, landet die Kugel auf einer Zahl. Die Person, die den Token auf die Zahl gesetzt hat, auf der die Kugel gelandet ist, gewinnt, abhängig von dem Betrag, der als Einsatz gesetzt wurde. Ein typisches Rouletterad ist in Abbildung 3.53 dargestellt.

Abbildung 3.53: Roulette-Rad.

In diesem Projekt sind 10 LEDs kreisförmig angeordnet, um ein Rouletterad zu simulieren. Die Spieler setzen, indem sie ihre Token in der Nähe einer gewählten LED platzieren. Die LEDs „verfolgen" sich sehr schnell, sodass es nicht möglich ist zu sagen, welche LED zu jedem Zeitpunkt beleuchtet ist. Wenn der Arm eines SPDT-Schalters auf eine andere Position eingestellt wird, stoppt das Verfolgen, und nur eine LED bleibt beleuchtet. Die Person, deren Token in der Nähe der beleuchteten LED platziert ist, gewinnt und erhält alle Beträge, die von jedem im Spiel gesetzt wurden.

Blockdiagramm: Abbildung 3.54 zeigt das Blockdiagramm des Projekts. Ein CD4017-Dezimalzähler wird in diesem Projekt verwendet, um die LEDs zu steuern.

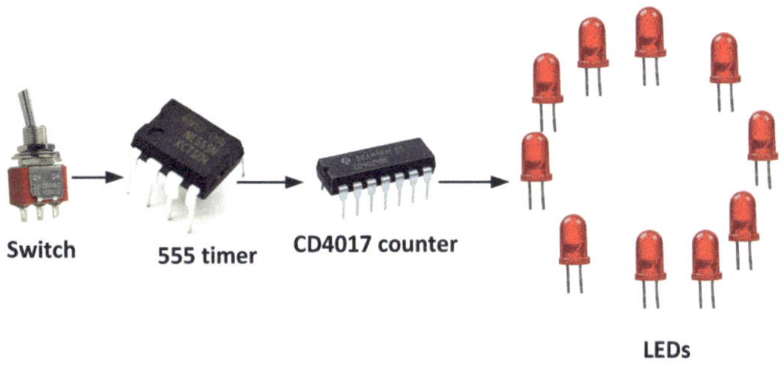

Abbildung 3.54: Blockdiagramm des Projekts.

Design: Der CD4017-Zähler wird vom 555-Timer getaktet, der als astabil konfiguriert ist. Die Frequenz ist auf etwa 50 Hz eingestellt, sodass es zu keinem Zeitpunkt möglich ist zu sagen, welche LED beleuchtet ist. Mit dem astabilen Online-Rechner wurden die Bauteilwerte für f = 50 Hz gefunden:

R1 = R2 = 10 kΩ
C1 = 1 µF

Mit den oben genannten Komponenten beträgt die theoretische Frequenz 48,1 Hz, was für dieses Projekt akzeptabel ist. Wie im vorherigen Projekt wurde der Strombegrenzungswiderstand für die LEDs auf 2,2 kΩ gewählt.

Komponentenliste

- 1× 555 Timer Chip
- 1× CD4017 Counter Chip
- 3× 10 kΩ Widerstand
- 1× 2.2 kΩ Widerstand
- 1× 1 µF Kondensator
- 1× 0.1 µF Kondensator
- 1× Schalter
- 10× rote 3 mm LEDs
- 1× 9 V Batterie
- 1× Batterieclip
- 1× Breadboard

Schaltplan: Abbildung 3.55 zeigt das Schaltbild des Projekts. Der Enable-Pin des CD4017-Zählerchips wird durch einen Schalter (Position STOP) deaktiviert, sodass das Spiel stoppt und eine zufällige LED leuchtet. Das Umstellen des Schalters in die Position RUN startet das Spiel neu.

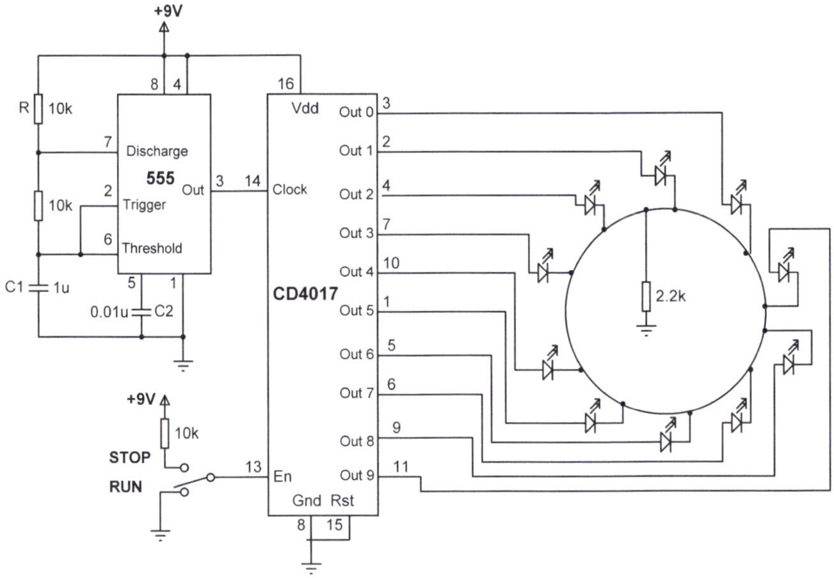

Abbildung 3.55: Schaltplan für das Projekt.

Test: Verbinden Sie die Batterie mit dem Schaltkreis. Stellen Sie den Schalter in die Position RUN. Sie sollten sehen, wie sich die LEDs „verfolgen". Bewegen Sie den Schalter in die Position STOP, und das Verfolgen wird gestoppt, wobei nur eine LED leuchtet. Bewegen Sie den Schalter zurück in die Position RUN, und das Verfolgen wird neu gestartet.

3.20 Projekt 19: Einfache Ampelsteuerung

Beschreibung: Dies ist eine einfache Ampelsteuerung mit festen Zeitintervallen. Die Sequenz der Lichter in diesem Projekt ist in Abbildung 3.56 dargestellt. Hier sind das rote und das grüne Licht auf 20 Sekunden und das gelbe Licht auf 10 Sekunden eingestellt, d.h. die gesamte Zykluszeit beträgt 50 Sekunden. Diese Zeiten können leicht geändert werden, wenn gewünscht, indem die Werte der 555-Timer-Komponenten oder die Hardwareverbindungen der Lichter geändert werden.

Abbildung 3.56: Einfache Ampellichtsequenz.

Blockdiagramm: Abbildung 3.57 zeigt das Blockdiagramm des Projekts. In diesem Projekt wird ein CD4017-Zählerchip zusammen mit dem 555-Timer verwendet. Hier wurden rote, gelbe und grüne LEDs eingesetzt. Wenn gewünscht, können auch Relais an den Ausgängen verwenden werden, um Lampen höherer Leistung zu schalten.

Abbildung 3.57: Blockdiagramm des Projekts.

Design: Der 555-Timer ist im astabilen Modus konfiguriert, wobei seine Periode auf 5 Sekunden eingestellt ist. Der Ausgang des Timer-Chips steuert den Takt-Eingang des CD4017-Zählerchips. Dioden werden an den Ausgängen des CD4017 in Form von ODER-Gattern verwendet, um die Lichter zu steuern. Zum Beispiel werden die ersten 4 Ausgänge des CD4017 verknüpft (OR) und steuern die rote LED. Somit ist die rote LED für 4 Perioden des Takt-Eingangs eingeschaltet, was 4 × 5 = 20 Sekunden entspricht. In ähnlicher Weise werden die nächsten 2 Ausgänge des CD4017 verknüpft (OR) und steuern die gelbe LED mit einer Dauer von 2 × 5 = 10 Sekunden.

Aus dem Online-Rechner für astabile Schaltungen wurden die Zeitkomponenten für eine Periode von etwa 5 Sekunden wie folgt berechnet:

R1 = 82 kΩ
R2 = 68 kΩ
C1 = 33 µF

Die Spannung über den roten und gelben LEDs beträgt 2 V und über der grünen LED 2,2 V. Bei Annahme eines Spannungsabfalls von 2 V über jeder LED und einer Stromstärke von 3 mA durch die LEDs sowie einem Spannungsabfall von 0,7 V über den Dioden beträgt der erforderliche Wert des strombegrenzenden Widerstands:

R = (9 V - 0,7 V - 2 V) / 3 mA = 2,1 kΩ.

Man kann 2,2 kΩ verwenden. Ein kleinerer Wert Widerstand kann für die grüne LED verwendet werden, um eine etwas höhere Helligkeit zu erzielen.

Komponentenliste

- 1× 555 Timer Chip
- 1× CD4017 Counter Chip
- 1× 82 kΩ Widerstand
- 1× 68 kΩ Widerstand
- 1× 2.2 kΩ Widerstand

- 1× 33 µF Kondensator
- 1× 0.1 µF Kondensator
- 10× 1N4148 Diode
- 1× rote 3 mm LED
- 1× gelbe 3 mm LED
- 1× grüne 3 mm LED
- 1× 9 V Batterie
- 1× Batterieclip
- 1× Breadboard

Schaltplan: Abbildung 3.58 zeigt das Schaltbild des Projekts. Vier Dioden-ODER-Gatter wurden für das rote Licht verwendet, zwei Dioden-ODER-Gatter für das gelbe Licht und vier Dioden-ODER-Gatter für das grüne Licht.

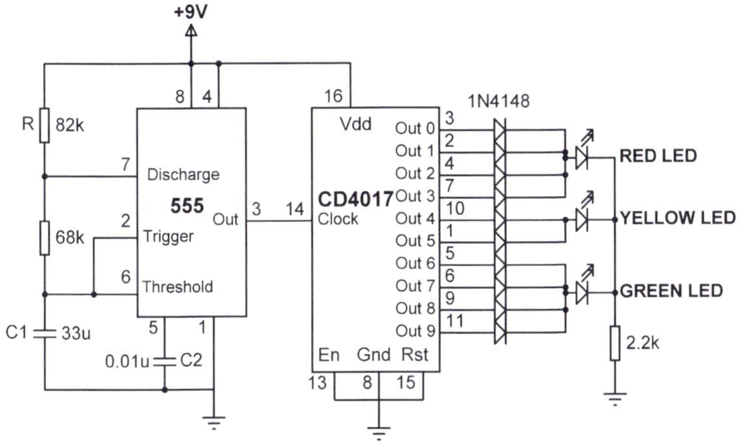

Abbildung 3.58: Schaltplan für das Projekt.

Konstruktion: Abbildung 3.59 zeigt die Schaltung, die auf einem kleinen Breadboard aufgebaut wurde.

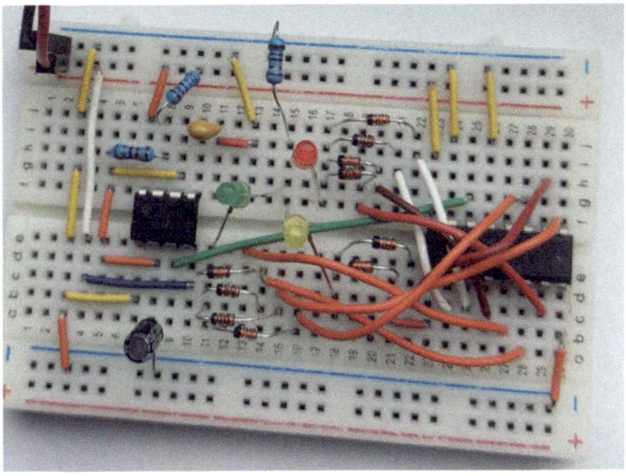

Abbildung 3.59: Schaltung, die auf einem Breadboard aufgebaut wurde.

Test: Schließen Sie die Batterie an die Schaltung an. Sie sollten sehen, dass die roten, gelben und grünen LEDs für jeweils 20 Sekunden, 10 Sekunden und 20 Sekunden leuchten.

3.21 Projekt 20: Professionelle Ampelsteuerung

Beschreibung: Der im vorherigen Projekt vorgestellte Ampelcontroller ist sehr einfach und unrealistisch. In diesem Projekt war die Lichtsequenz festgelegt auf rot → gelb → grün → rot... In einem ordnungsgemäßen Ampelcontroller folgt auf das rote Licht für kurze Zeit rot+gelb, gefolgt von grün. Nach grün kommt nur gelb und dann wieder rot, und dieser Zyklus wiederholt sich.

Abbildung 3.60: Ampelsequenz.

Blockdiagramm: Das Blockdiagramm des Projekts ist dasselbe wie in Abbildung 3.57.

Design: Wie im vorherigen Projekt ist der 555-Timer im astabilen Modus mit einer Periode von 5 Sekunden konfiguriert. Die Zeiten der Lichter werden dann wie folgt gewählt (diese können leicht geändert werden, indem die Timing-Widerstände und -Kondensatoren geändert oder die Hardware neu konfiguriert werden):

LED	Dauer	Anzahle der erforderlichen Dioden
Rot:	20 Sekunden	4
Rot+gelb:	5 Sekunden	1
Grün:	20 Sekunden	4
Gelb:	5 Sekunden	4

Wie im vorherigen Projekt werden Dioden als ODER-Gatter zur Steuerung der Lichter verwendet. Die verwendeten Strombegrenzungswiderstände für die roten und grünen LEDs sind wie im vorherigen Projekt, d. h. 2,2 kΩ. Der Widerstandswert für die grüne LED wird, wie im vorherigen Projekt beschrieben, reduziert.

Falls erforderlich, können die LEDs durch Relais ersetzt werden, und es können netzbetriebene Lampen an den Ausgängen verwendet werden.

Komponentenliste

- 1× 555 Timer Chip
- 1× CD4017 Zählerbaustein
- 1× 82 kΩ Widerstand
- 1× 68 kΩ Widerstand

- 2× 2.2 kΩ Widerstand
- 1× 1.8 kΩ Widerstand
- 1× 33 µF Kondensator
- 1× 0.1 µF Kondensator
- 11× 1N4148 diode
- 1× 3 mm red LED
- 1× 3 mm yellow LED
- 1× 3 mm green LED
- 1× 9 V Batterie
- 1× Batterieclip
- 1× Breadboard

Schaltbild: Abbildung 3.61 zeigt das Schaltbild des Projekts.

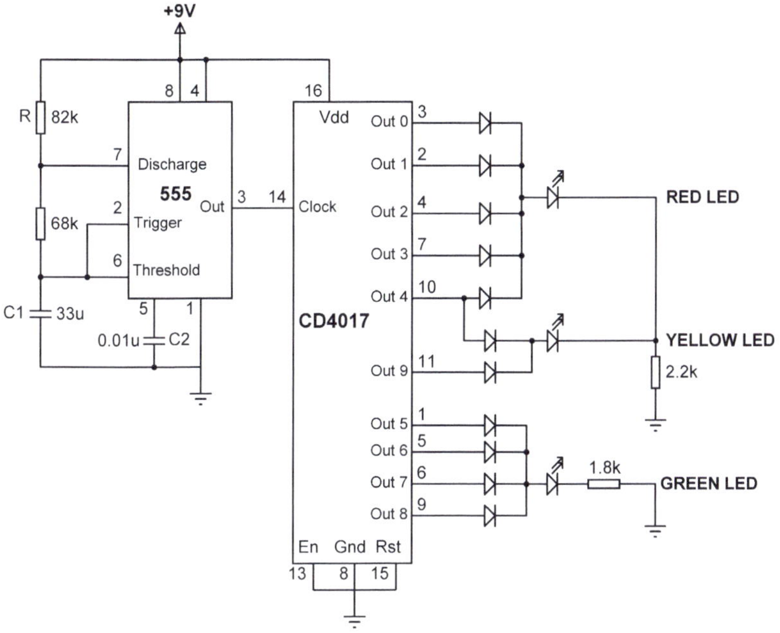

Abbildung 3.61: Schaltbild für das Projekt.

Test: Schließen Sie die Batterie an den Schaltkreis an. Sie sollten die Lichtsequenz sehen, wie sie in Abbildung 3.60 dargestellt ist.

3.22 Projekt 21: Sinusgenerator

Beschreibung: Der 555-Timer kann verwendet werden, um ein Sinuswellensignal zu erzeugen. Das Funktionsprinzip besteht darin, dass am Rechteckausgang ein Tiefpassfilter verwendet werden kann, um eine Sinuswelle zu erhalten. In diesem Projekt wird ein Beispiel gegeben, bei dem die Frequenz auf etwa 481 Hz eingestellt ist.

Design: Der 555-Timer ist für den astabilen Modus auf 481 Hz konfiguriert. Ein Widerstand/Kondensator-Tiefpassfilter-Schaltung wird am Ausgang verwendet, um die Oberwellen herauszufiltern und so eine Sinuswelle zu erhalten. Mit dem Online-Rechner wurden die Komponentenwerte für 481 Hz ermittelt.

R1 = 10 kΩ
R2 = 10 kΩ
C1 = 0.1 µF

Die Komponentenwerte eines R-C-Tiefpassfilters können mit der folgenden Formel berechnet werden:

$$f = \frac{1}{2\pi RC}$$

Für 481 Hz, gilt $RC = 33 \times 10^{-5}$ s

Durch die Auswahl von C = 10 nF ergibt sich R = 33 kΩ. In diesem Projekt wird ein 3-stufiger Tiefpassfilter mit diesen Komponentenwerten verwendet.

Komponentenliste

- 1× 555 Timer Chip
- 2× 10 kΩ Widerstand
- 1× 33 kΩ Widerstand
- 1× 0.1 µF Kondensator
- 1× 0.01 µF Kondensator
- 1× 9 V Batterie
- 1× Batterieclip
- 1× Breadboard

Schaltplan: Abbildung 3.62 zeigt den Schaltplan. Der Tiefpassfilter ist mit dem Ausgang des 555-Timers verbunden.

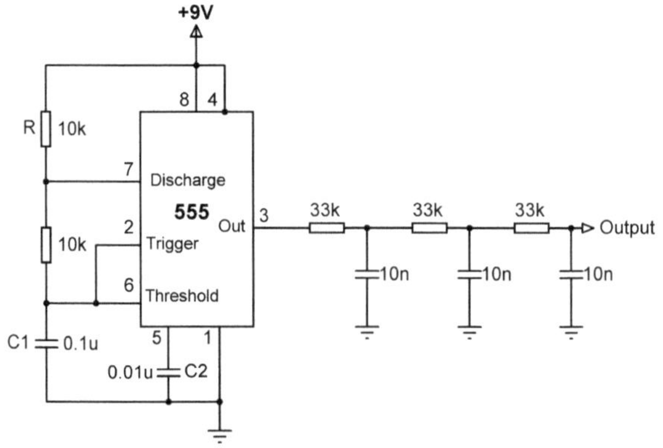

Abbildung 3.62: Schaltplan für das Projekt.

Aufbau: Abbildung 3.63 zeigt das Projekt, auf einem kleinen Breadboard.

Abbildung 3.63: Projekt auf einem Breadboard.

Test: Abbildung 3.64a zeigt das Ausgangssignal auf einem Oszilloskop nach der ersten Filterstufe. Offensichtlich weicht das Signal stark von einer echten Sinuswelle ab. Das Ausgangssignal nach der zweiten Stufe ist in Abbildung 3.64b dargestellt. Schließlich zeigt Abbildung 3.64 das Ausgangssignal nach der dritten Filterstufe.

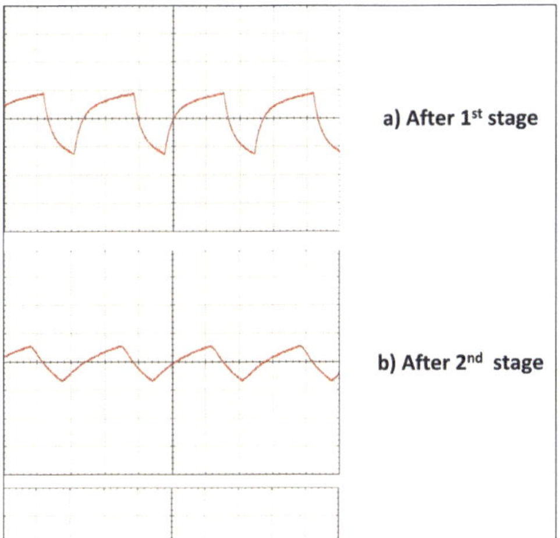

Abbildung 3.64: Ausgangsspannungen .

3.23 Projekt 22: Durchgangsprüfer

Beschreibung: Dies ist eine Schaltung für einen Durchgangsprüfer mit einem passiven Summer als Ausgang. Die Schaltung ist ein astabiler Oszillator mit einer Frequenz von etwas über 2 kHz. Der Summer ertönt, wenn die Prüfspitzen Durchgang erkennen.

Design: Der Online-Rechner wurde verwendet, um die Zeitkomponenten für einen Ausgang von etwa 2 kHz zu berechnen, und die ermittelten Werte sind:

R1 = 10 kΩ
R2 = 10 kΩ
C1 = 20 nF

Blockdiagramm: Abbildung 3.65 zeigt das Blockdiagramm des Projekts.

Abbildung 3.65: Blockdiagramm des Projekts.

Schaltplan: Abbildung 3.66 zeigt den Schaltplan des Projekts.

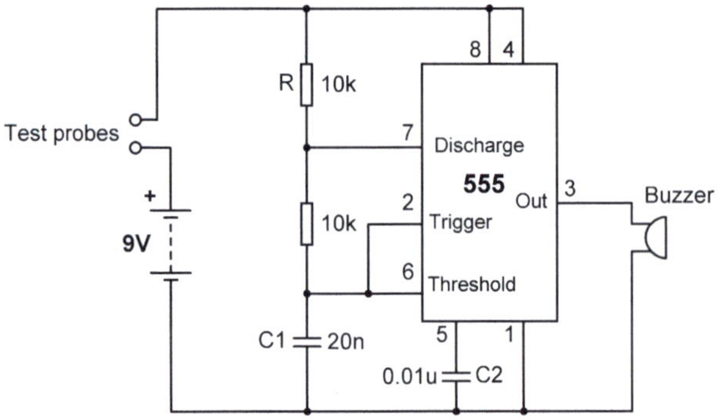

Abbildung 3.66: Schaltplan für das Projekt.

Komponentenliste

- 1× 555 Timer Chip
- 2× 10 kΩ Widerstand
- 1× 20 nF Kondensator
- 1× Passive Buzzer
- 1× 0.01 µF Kondensator
- 1× 9 V Batterie
- 1× Batterieclip
- 1× Breadboard

Aufbau: Das Projekt wurde auf einem kleinen Breadboard aufgebaut, wie in Abbildung 3.67 gezeigt. Beachten Sie, dass zwei 10 nF Kondensatoren parallel im Projekt verwendet werden.

Abbildung 3.67: Projekt auf einem Breadboard.

Test: Schließen Sie die Schaltung an eine Batterie an. Der Summer sollte ertönen, wenn die Prüfspitzen Kontakt haben.

3.24 Projekt 23: Einfacher Logikprüfer

Beschreibung: Logikprüfer werden verwendet, um den logischen Ausgangszustand einer Logikschaltung zu erkennen und anzuzeigen. Ein Logikprüfer kann Logik Low, Logik High und „Puls" erkennen.

Design: Der Logikprüfer in diesem Projekt verwendet zwei LEDs, um den Zustand des Logik-Eingangs anzuzeigen. Die Schaltung wird von dem Gerät mit Strom versorgt, dessen Logikzustand erkannt werden soll. Dies ist normalerweise +5 V für TTL-Geräte und kann für CMOS-Geräte höher sein. Beachten Sie, dass der in diesem Projekt beschriebene Logikprüfer nicht für +3,3 V Logikgeräte verwendet werden kann, da die minimale Betriebsspannung des 555-Timers +4,5 V beträgt.

Design: In diesem Projekt zeigen zwei Dioden den logischen Zustand des Eingangs an. Wenn der Eingang Logik High ist, leuchtet eine der LEDs, und wenn der Eingang Logik Low ist, leuchtet die andere LED. Beide LEDs blitzen, wenn der Eingang ein niederfrequentes Pulssignal führt.

Komponentenliste

- 1× 555 Timer Chip
- 2× 680 Ω Widerstand
- 2× 1N4148 Dioden
- 2× 5 mm rote LED
- 1× 0.01 µF Kondensator
- 1× 9 V Batterie

- 1× Batterieclip
- 1× Breadboard

Schaltplan: Abbildung 3.68 zeigt den Schaltplan des Projekts. Die obere LED ist im Stromsenkmodus verbunden und leuchtet, wenn der Eingangsstatus logisch High ist. Die untere LED ist im Stromquelle-Modus verbunden und leuchtet, wenn der Eingangsstatus logisch Low ist. Wenn die Spannung an Pin 6 größer als 2/3 Vcc ist, überschreibt Pin 2 (Trigger-Eingang den Schwellenwert-Eingang. Infolgedessen wird der Ausgang auf Low gezwungen, wenn Pin 2 High ist, und die obere LED leuchtet. Ebenso wird der Ausgang High, wenn Pin 2 Low ist, und die untere LED leuchtet. Wenn ein niederfrequenter Logikeingang angelegt wird, blitzen beide LEDs mit der Frequenz des Eingangs.

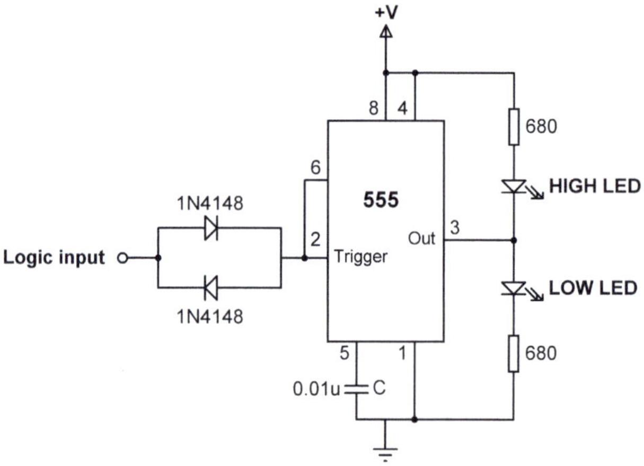

Abbildung 3.68: Schaltplan für das Projekt.

Aufbau: Das Projekt wurde auf einem kleinen Breadboard aufgebaut, wie in Abbildung 3.69 gezeigt.

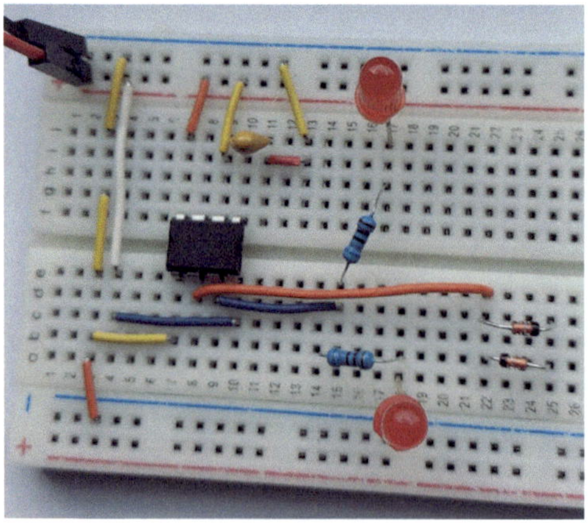

Abbildung 3.69: Projekt auf einem Breadboard.

Test: Schließen Sie die Schaltung an eine Batterie an. Beachten Sie, dass die untere LED leuchtet (Logisch Low), wenn die Sonde nichts berührt. Berühren Sie die Sonde mit Logisch Low, und die untere LED sollte leuchten.

3.25 Projekt 24: Elektronisches Schloss – Bistabiler Modus

Beschreibung: Dies ist ein Projekt für ein elektronisches Schloss, das für eine Tür, ein Fenster, einen Safe usw. verwendet werden kann. Ein Relais wird aktiviert, um die Tür oder ein Tor usw. zu entriegeln. Die vier Drucktastenschalter werden verwendet, um das Relais zu steuern. Das Relais wird aktiviert, indem drei der Tasten gleichzeitig gedrückt werden, und es wird durch Drücken einer anderen Taste deaktiviert. Weitere Dummy-Tasten können verwendet werden, um es einem Eindringling schwieriger zu machen, die richtige Tastenanordnung zu erraten.

Blockdiagramm: Abbildung 3.70 zeigt das Blockdiagramm des Projekts. Die Tasten sind von 1 bis 4 nummeriert. In diesem Projekt wird angenommen, dass das gleichzeitige Drücken der Tasten 1, 3 und 4 das Relais aktiviert und das Drücken der Taste 2 es deaktiviert.

Abbildung 3.70: Blockdiagramm des Projekts.

Design: Der 555-Timer wird in diesem Projekt im bistabilen Modus verwendet. Das Drücken der drei richtigen Tasten (1, 3, 4) setzt den Bistabilen Modus auf aktiv, sodass sein Ausgang auf „High“ geht und das Relais aktiviert wird, um die Tür zu öffnen. Das Drücken der Taste 2 deaktiviert das Relais, sodass die Tür geschlossen werden kann.

Komponentenliste

- 1× 555 Timer Chip
- 2× 10 kΩ Widerstand
- 1× 5 V Relais
- 4× Drucktaster
- 1× 0.01 µF Kondensator
- 1× 9 V Batterie
- 1× Batterieclip
- 1× Breadboard

Schaltplan: Abbildung 3.71 zeigt den Schaltplan des Projekts. Die Tasten 1, 3 und 4 sind in Serie geschaltet, und ein Low-Pegel-Triggerimpuls wird an den 555-Timer gesendet, wenn alle gedrückt werden. Dadurch wird der Ausgang auf High gesetzt, um das Relais zu aktivieren. Das Drücken der Taste 2 sendet einen High-Triggerimpuls an den 555-Timer, der den Ausgang auf „Low" zurücksetzt, um das Relais zu deaktivieren.

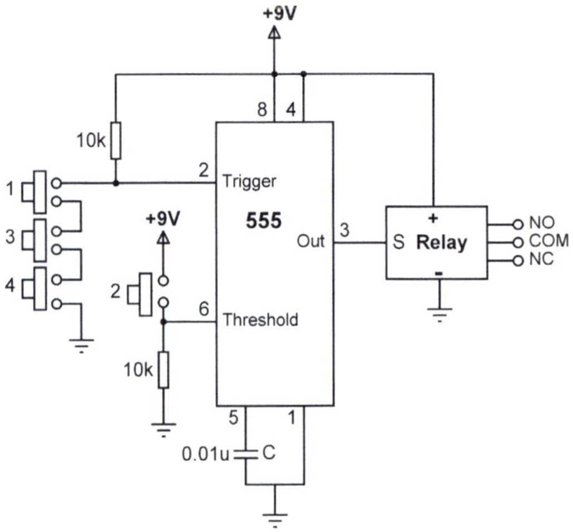

Abbildung 3.71: Schaltplan des Projekts.

Aufbau: Abbildung 3.72 zeigt das Projekt auf einem kleinen Steckbrett aufgebaut. Eine mögliche Anordnung der Drucktasten auf der Frontplatte des Projekts wird in Abbildung 3.73 gezeigt, mit 8 Tasten, bei denen 4 Dummy-Tasten verwendet werden.

Abbildung 3.72: Projekt auf einem Steckbrett.

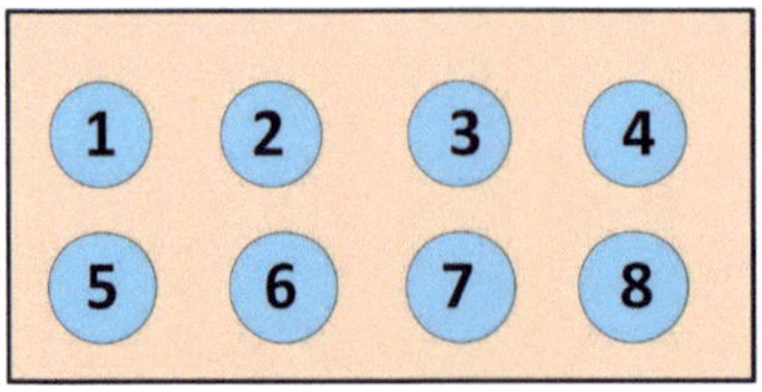

Abbildung 3.73: Mögliche Anordnung der Tasten.

Test: Schließen Sie die Batterie an die Schaltung an. Das gleichzeitige Drücken der Tasten 1, 3 und 4 sollte das Relais aktivieren. Das Drücken der Taste 2 sollte es deaktivieren.

Empfehlung: Sie können mehrere Dummy-Drucktasten wie in Abbildung 3.73 verwenden, um es einem Eindringling schwieriger zu machen, den richtigen Code zu erraten.

3.26 Projekt 25: Elektronisches Schloss — Monostabiler Modus

Beschreibung: Dieses Projekt ist dem vorherigen ähnlich, aber hier wird das Relais für etwa 10 Sekunden aktiviert, um die Tür zu öffnen, und danach automatisch deaktiviert, um die Tür zu verriegeln. Die Schaltung in diesem Projekt basiert auf dem monostabilen Modus. Wie im vorherigen Projekt werden 4 Drucktastenschalter verwendet. Drei der Schalter (1, 3 und 4) müssen gleichzeitig gedrückt werden, um das Relais zu aktivieren. Der vierte Schalter ist eine Dummy-Taste und dient dazu, es einem Eindringling schwieriger zu machen, die richtige Schlosskombination zu erraten.

Blockdiagramm: Das Blockdiagramm ist das gleiche wie in Abbildung 3.70.

Design: Der 555-Timer wird im monostabilen Modus verwendet, wobei die Last (Relais) im Stromversorgungsmodus angeschlossen ist. Mithilfe eines Online-Rechners wurden die Werte der Zeitkomponenten für einen 10-Sekunden-Impuls berechnet:

R = 100 kΩ
C = 100 µF

Mit den oben genannten Zeitkomponenten beträgt die theoretische Impulsdauer 11 Sekunden.

Komponentenliste

- 1× 555 Timer Chip
- 1× 10 kΩ Widerstand
- 1× 100 kΩ Widerstand
- 1× 5 V Relais
- 3× Drucktaster
- 1× 100 µF Kondensator
- 1× 0.01 µF Kondensator
- 1× 9 V Batterie
- 1× Batterieclip
- 1× Breadboard

Schaltplan: Abbildung 3.74 zeigt den Schaltplan des Projekts. Die Tasten 1, 3 und 4 sind in Serie mit dem Trigger-Eingang des 555-Timers verbunden. Das gleichzeitige Drücken dieser drei Tasten sendet einen Triggerimpuls an den Chip, der seinen Ausgang für 10 Sekunden auf High-Pegel setzt.

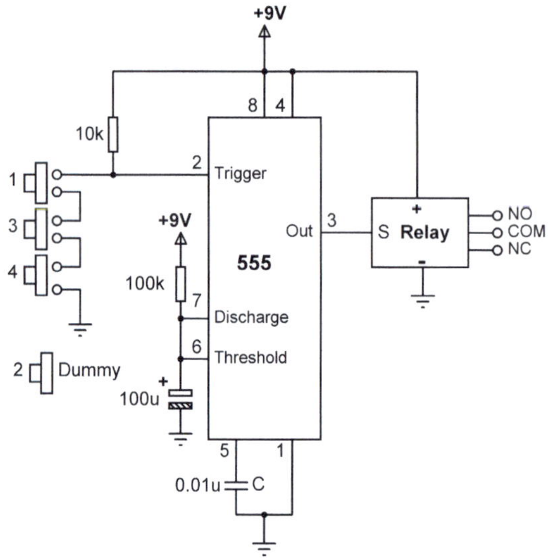

Abbildung 3.74: Schaltplan des Projekts.

Aufbau: Abbildung 3.75 zeigt das Projekt auf einem kleinen Steckbrett aufgebaut.

Abbildung 3.75: Projekt auf einem Steckbrett.

Test: Schließen Sie die Batterie an die Schaltung an. Das gleichzeitige Drücken der Tasten 1, 3 und 4 sollte das Relais aktivieren. Das Relais sollte sich nach 10 Sekunden automatisch deaktivieren.

3.27 Projekt 26: Verlängerung der Monostabilen Pulsdauer — „Retriggering"

Beschreibung: In einigen monostabilen Anwendungen möchte man möglicherweise die Einschaltdauer des Ausgangs verlängern, indem der Monostabil-Modus erneut ausgelöst wird, bevor er abläuft. In diesem Projekt wird gezeigt, wie dies möglich ist. Eine LED ist im Stromversorgungsmodus mit dem Ausgang verbunden, und die Grunddauer ist auf 10 Sekunden festgelegt. Diese Dauer wird durch erneutes Auslösen im monostabilen Modus vor Ablauf seiner Zeit verlängert.

Blockdiagramm: Das Blockdiagramm ist in Abbildung 3.76 dargestellt.

Abbildung 3.76: Blockdiagramm des Projekts.

Design: Die gleichen Zeitkomponenten wie im vorherigen Projekt werden verwendet. Eine Diode wird am Trigger-Eingang verwendet, um den Kondensator zu entladen, wodurch die Schaltung erneut ausgelöst werden kann.

Komponentenliste

- 1× 555 Timer Chip
- 1× 10 kΩ Widerstand
- 1× 100 kΩ Widerstand
- 1× 680 Ω Widerstand
- 1× 100 µF Kondensator
- 1× 1N4148 Diode
- 1× Drucktaster
- 1× 0.01 µF Kondensator
- 1× 9 V Batterie
- 1× Batterieclip
- 1× Breadboard

Schaltplan: Abbildung 3.77 zeigt den Schaltplan des Projekts.

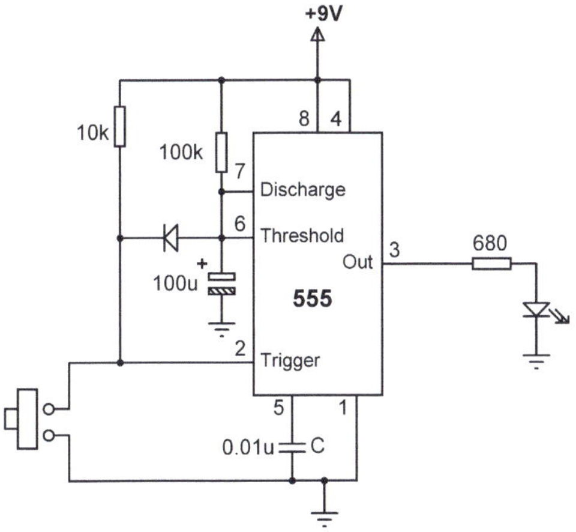

Abbildung 3.77: Schaltplan des Projekts.

Aufbau: Abbildung 3.78 zeigt das Projekt auf einem kleinen Steckbrett.

Abbildung 3.78: Projekt auf einem Steckbrett.

Test: Schließen Sie die Batterie an die Schaltung an. Das Drücken der Taste sollte die LED einschalten. Drücken Sie die Taste erneut, bevor die LED erlischt, und die Einschaltdauer der LED sollte verlängert werden, d. h. der Monostabile Modus sollte erneut ausgelöst werden.

3.28 Projekt 27: Entprellung von Schaltkontakten

Beschreibung: Mechanische Schalter neigen zu Kontaktprellen. Die Schaltkontakte können nach dem Drücken für Hunderte von Mikrosekunden prellen, was zu Fehltriggern führen kann, z. B. mehrere Triggerimpulse anstelle von nur einem. Diese Schaltung ist ein einfacher monostabiler Timer, der nach dem Drücken eines mechanischen Schalters ein einzelnes sauberes Ausgangssignal liefert.

Design: Die Wahl der Zeitkomponenten hängt weitgehend von der Anwendung ab, aber ein Ausgang von 0,1 Sekunden ist eine vernünftige Wahl. Mithilfe eines Online-Rechners wurden die Werte der Zeitkomponenten wie folgt für einen theoretischen Ausgangsimpuls von 0,11 Sekunden berechnet:

R = 100 kΩ
C = 1 µF

Komponentenliste

- 1× 555 Timer Chip
- 1× 10 kΩ Widerstand
- 1× 100 kΩ Widerstand
- 1× 1 µF Kondensator
- 1× Drucktaster
- 1× 0.01 µF Kondensator
- 1× 9 V Batterie
- 1× Batterieclip
- 1× Breadboard

Schaltplan: Abbildung 3.79 zeigt den Schaltplan des Projekts. Es ist eine grundlegende monostabile Schaltung, bei der der Schalter, dessen Kontakte entprellt werden sollen, mit dem Trigger-Eingang des monostabilen Timers verbunden ist.

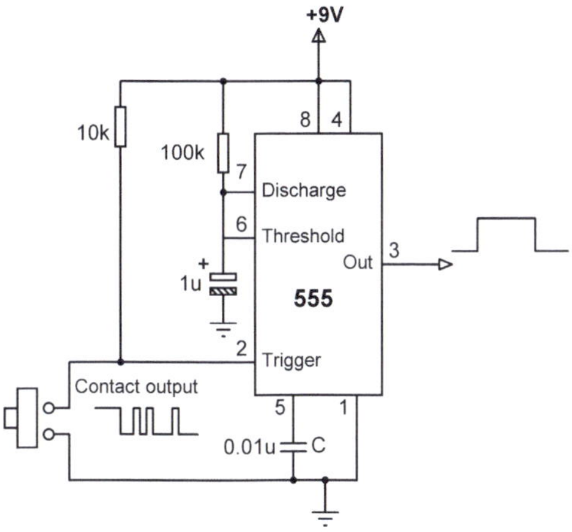

Abbildung 3.79: Schaltplan des Projekts.

3.29 Projekt 28: Schmitt-Trigger-Schaltung

Beschreibung: Schmitt-Trigger-Schaltungen werden verwendet, um unregelmäßig geformte Eingangssignale in Rechtecksignale umzuwandeln. Der Ausgang einer Schmitt-Trigger-Schaltung ist ein Rechtecksignal, wenn der Eingang eine Sinus- oder Dreieckswelle ist. Schmitt-Trigger-Schaltungen werden auch als „Squaring Circuits" bezeichnet. Dieses Projekt zeigt, wie eine Schmitt-Trigger-Schaltung mit einem 555-Timer entworfen werden kann.

Design: Die auf dem 555-Timer basierende Schmitt-Trigger-Schaltung ist sehr einfach. Sie besteht aus zwei Widerständen R1 und R2, die die beiden internen Komparatoren miteinander verbinden und eine Spannung von Vcc/2 an die Trigger- und Schwellenwert-Eingänge liefern. Da der obere Komparator bei 2/3 Vcc und der untere bei 1/3 Vcc auslöst, sorgt der Mittelwert der Widerstände für eine Vorspannung in der Mitte der beiden Schwellenwerte. Die Eingangsspannung löst den Ausgang jedes Mal aus, wenn sie die obere oder untere Schwellenwertspannung überschreitet. Die Eingangsspannung sollte größer als 1/3 Vcc sein, damit die Schaltung auslöst.

Komponentenliste

- 1× 555 Timer Chip
- 2× 100 kΩ Widerstand
- 1× 100 nF Kondensator
- 1× 0.01 µF Kondensator
- 1× 9 V Batterie
- 1× Batterieclip
- 1× Breadboard

Schaltplan: Abbildung 3.80 zeigt den Schaltplan des Projekts.

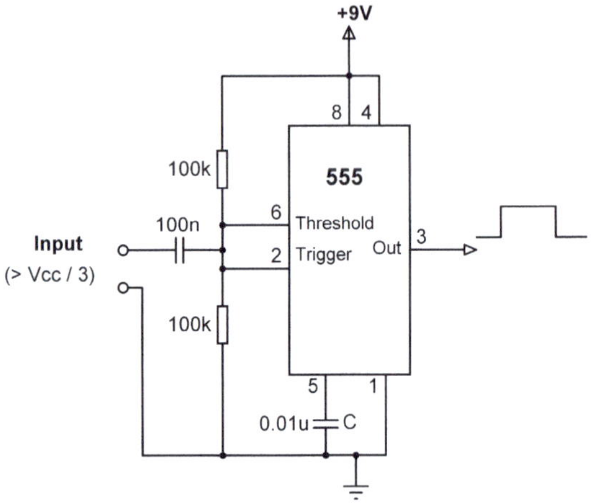

Abbildung 3.80: Schaltplan des Projekts.

Aufbau: Abbildung 3.81 zeigt das Projekt, auf einem kleinen Steckbrett.

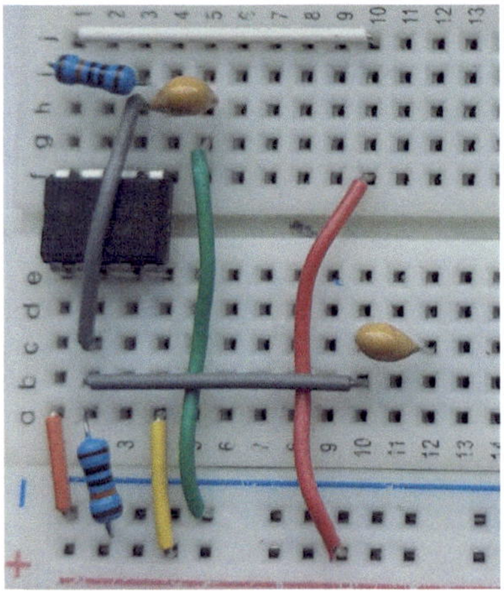

Abbildung 3.81: Projekt auf einem Steckbrett.

Test: Abbildung 3.82 zeigt das Ausgangssignal, wenn eine 1-kHz-Sinuswelle in die Schaltung eingespeist wird.

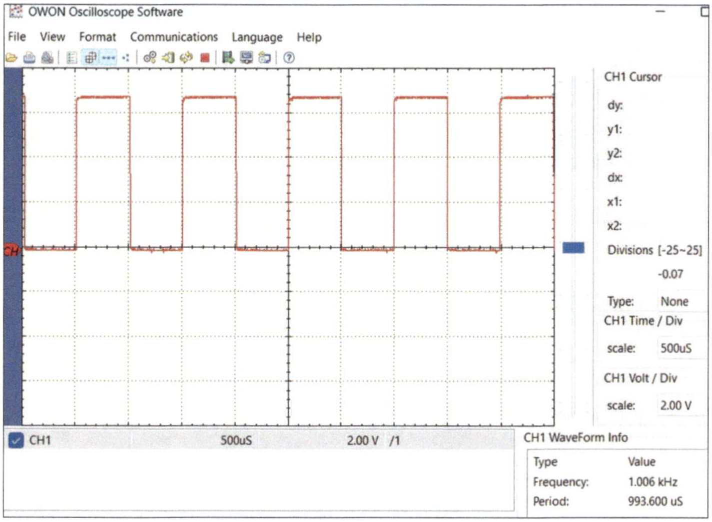

Abbildung 3.82: Ausgangssignal.

3.30 Projekt 29: Monophone elektronische Spielzeug-Orgel.

Beschreibung: Dieses Projekt beschreibt eine einfache monophone 6-Ton-Spielzeug-Elektronik-Orgel. Im Projekt werden sechs Drucktasten verwendet. Das Drücken einer Taste erzeugt einen hörbaren Ton in einem 8-Ohm-Lautsprecher. Beachten Sie, dass immer nur eine Taste gleichzeitig gedrückt werden sollte (daher „monophon", obwohl auch zwei Tasten, die nicht nebeneinander liegen, gedrückt werden können!). Außerdem sind die erzeugten Töne zufällige Frequenzen, die nicht mit musikalischen Skalen übereinstimmen.

Blockdiagramm: Abbildung 3.83 zeigt das Blockdiagramm des Projekts.

Abbildung 3.83: Blockdiagramm des Projekts.

Design: Der 555-Timer wird im astabilen Modus betrieben. Ein fester 1 kΩ Widerstand wird als R1 verwendet, während für C1 100 nF gewählt wird. Widerstand R2 besteht aus einem 10 kΩ Potentiometer, das in Serie mit einem 1 kΩ Widerstand geschaltet ist, der durch Drücken der entsprechenden Taste ausgewählt werden kann. Ein ganzer Satz verschiedener Frequenzen entsteht, wenn der variable Widerstands verändert wird. Ein größerer Kondensator für C1 erzeugt ein niedrigeres Frequenzspektrum. Ein kleinerer Kondensator ein höheres. Die erzeugten Frequenzen sind wie folgt, vorausgesetzt, der Wischer des Potentiometers befindet sich auf der 0-Ω-Position:

Gedrückte Taste	Erzeugte Frequenz
1	1312 Hz
2	1603 Hz
3	2061 Hz
4	2886 Hz
5	4810 Hz
6	-

Falls der Schleifer des Potentiometers auf der 10 kΩ-Seite steht:

Gedrückte Taste	Erzeugte Frequenz
1	465.484 Hz
2	497.587 Hz
3	534.445 Hz
4	577.201 Hz
5	627.392 Hz
6	687.144 Hz

Komponentenliste

- 1× 555 Timer Chip
- 7× 1 kΩ Widerstand
- 1× 10 kΩ Potentiometer
- 1× 100 nF Kondensator
- 1× 10 µF Kondensator
- 1× 8 Ω, 0.25 W Lautsprecher
- 1× 0.01 µF Kondensator
- 1× 9 V Batterie
- 1× Batterieclip
- 1× Breadboard

Schaltplan: Abbildung 3.84 zeigt den Schaltplan des Projekts. Der Lautsprecher am Ausgang kann, wenn gewünscht, durch einen passiven Summer ersetzt werden, um die Kosten zu senken. Im Projekt werden sechs Drucktastenschalter verwendet, aber sie können alternativ auch durch andere Arten von Kontakten wie elektrische Klaviertasten usw. ersetzt werden. Alternativ kann ein langes Kabel an Pin 6 angeschlossen werden, und dieses Kabel kann verwendet werden, um die freien Widerstandsdrahtenden zu berühren, um verschiedene Töne zu erzeugen. Abbildung 3.85 zeigt die vom Autor entworfene Schaltung, bei der ein Draht verwendet wird, um die Frequenzen auszuwählen.

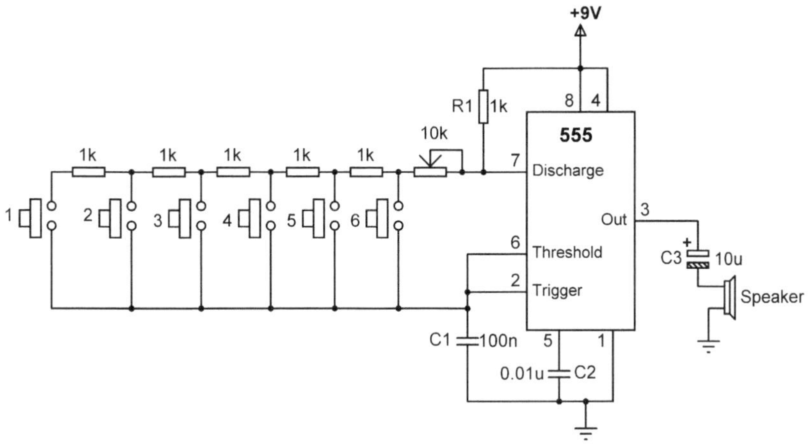

Abbildung 3.84: Schaltplan des Projekts

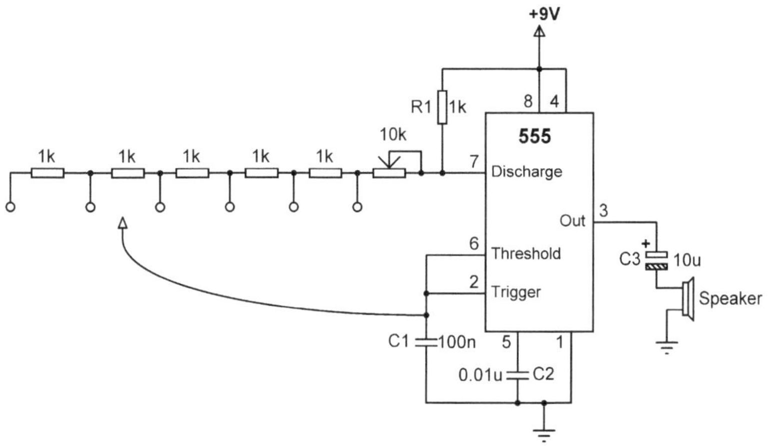

Abbildung 3.85: Verwendung eines langen Drahts zur Frequenzauswahl.

Aufbau: Abbildung 3.86 zeigt das Projekt, das auf einem kleinen Steckbrett aufgebaut ist.

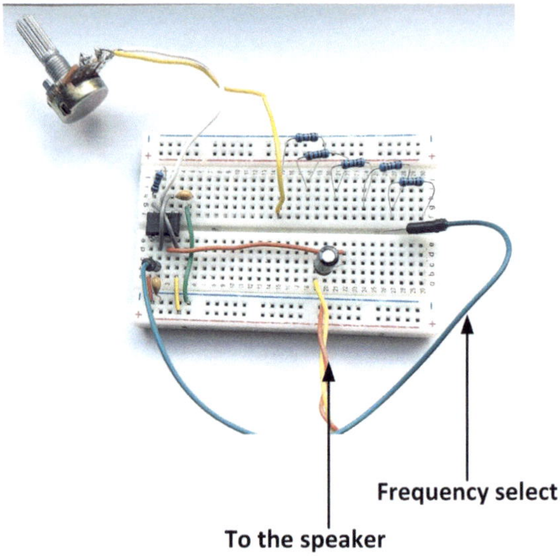

Abbildung 3.86: Projekt auf einem Steckbrett aufgebaut.

Test: Schließen Sie die Batterie und den Lautsprecher an das Projekt an. Berühren Sie den Frequenzauswahl-Draht mit den verschiedenen Widerstandsdrahtenden, um unterschiedliche Töne zu erzeugen.

3.31 Projekt 30: Elektronische Acht-Ton-Orgel.

Beschreibung: Dieses Projekt ähnelt dem vorherigen, jedoch werden hier musikalische Töne mit den korrekten Frequenzen erzeugt.

Blockdiagramm: Das Blockdiagramm dieses Projekts ist dasselbe wie in Abbildung 3.83.

Design: Die korrekten Frequenzen der musikalischen Töne sind (beachten Sie, dass die Frequenzen in höheren Skalen doppelt so hoch sind wie die Frequenzen in niedrigeren Skalen):

Ton	**Tiefe *C* Frequenz**	**Mittlere *C* Frequenz**	**Hohe *C* Frequenz**
C	261.63	523.25	1046.5
D	293.66	587.33	1174.66
E	329.63	659.26	1318.51
F	349.23	698.46	1396.91
G	392	783.99	1567.98
A	440	880	1760
B	493.88	987.77	1975.53
C	523.25	1046.5	2093

In diesem Projekt werden Widerstände in Form von kleinen Potentiometern und Kondensatoren verwendet, um die erforderlichen Frequenzen zu erzeugen. Das Design basiert auf den Frequenzen von Mittlerem C, aber durch die Änderung des Wertes des

Kondensators können auch die Frequenzen in den tiefen und hohen C-Skalen erreicht werden.

Wir verwenden einen 100 nF Timing-Kondensator und setzen R1 auf 15 kΩ. Lassen Sie uns nun die erforderlichen Werte für R2 für die Frequenzen von Mittlerem C berechnen. Dazu können Sie entweder den Online-Rechner wie in Kapitel 1 beschrieben verwenden oder die folgende astabile Formel anwenden:

$$f = \frac{1.44}{(R1 + 2R2)C}$$

oder

$$R2 = \left[\frac{1.44}{fC} - R1\right]/2$$

oder einfach

$$R2 = \left[\frac{1.44}{100\,x\,10^{-9}\,xf} - 15000\right]/2$$

Frequenz (Hz)	**R2**
261.63	20.019 kΩ
293.66	17.018 kΩ
329.63	14.342 kΩ
349.23	13.116 kΩ
392	10.867 kΩ
440	8.863 kΩ
493.88	7.078 kΩ
523.25	6.260 kΩ

Wir werden kleine Potentiometer verwenden, um die Frequenzen auf die richtigen Werte einzustellen. Durch das Senken des Kondensators auf 50 nF können die Frequenzen für das mittlere C (Medium C) erreicht werden. Wenn der Kondensator auf 25 nF gesenkt wird, können die Frequenzen für das hohe C (High C) gespielt werden.

Komponentenliste

- 1× 555 Timer Chip
- 2× 22 kΩ Potentiometer
- 3× 15 kΩ Potentiometer
- 1× 10 kΩ Potentiometer
- 1× 8.2 kΩ Potentiometer
- 1× 6.8 kΩ Potentiometer
- 1× 15 kΩ Widerstand
- 1× 25 nF Kondensator
- 1× 50 nF Kondensator
- 1× 100 nF Kondensator

- 1× 10 µF Kondensator
- 1× 0.01 µF Kondensator
- 1× 8 Ω Lautsprecher
- 1× 9 V Batterie
- 1× Batterieclip
- 1× Breadboard

Schaltplan: Abbildung 3.87 zeigt den Schaltplan. Zur Vereinfachung wird ein langes Kabel verwendet, um die Frequenzen auszuwählen, anstatt Drucktastenschalter zu verwenden. Es bleibt dem Leser als Übung überlassen, die „Orgel" durch entsprechende Anpassung der Potentiometer zu kalibrieren. Ein Oszilloskop kann verwendet werden, um die Frequenz jedes Tons einfach einzustellen.

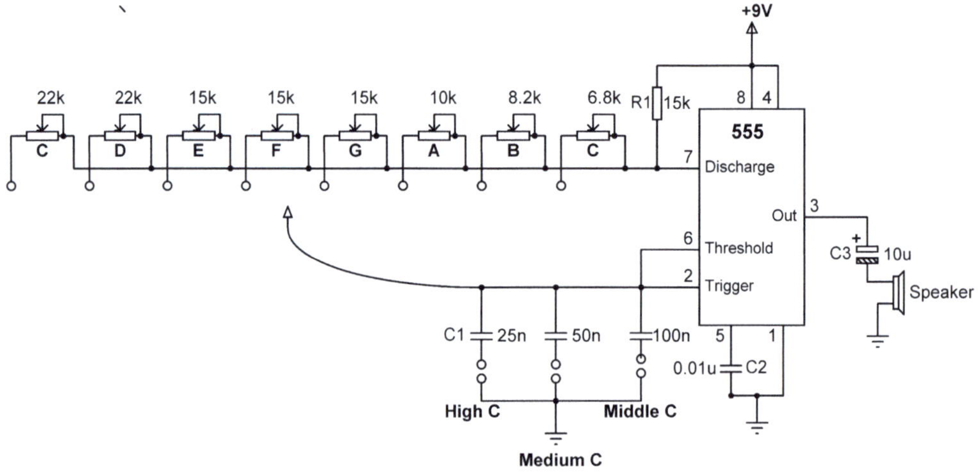

Abbildung 3.87: Schaltplan für das Projekt.

Test: Schließen Sie die Batterie und den Lautsprecher an das Projekt an. Berühren Sie die Widerstände mit dem Frequenzauswahl-Draht, um verschiedene Töne zu erzeugen.

Diese Methode ermöglicht es Ihnen, die Klänge der elektronischen Orgel zu variieren und die Töne genau auf die gewünschten Frequenzen einzustellen.

3.32 Projekt 31: Mehrsensor-Alarmkreis

Beschreibung: Dies ist ein Alarmprojekt, das einen 555-Timer im astabilen Modus verwendet. Drei kontakt-basierte Sensoren (z. B. Drucktastenschalter) werden mit einem Lautsprecher (oder Summer) als Ausgang verwendet. Das Projekt erzeugt Töne mit unterschiedlichen Frequenzen, wenn ein Sensorkontakt geschlossen wird. Die Kontakte sind mit 1, 2, 3 benannt, und die Frequenz, die erzeugt wird, wenn ein Kontakt geschlossen wird, ist:

- Kontakt 1: 2 kHz
- Kontakt 2: 4 kHz
- Kontakt 3: 6 kHz

Blockdiagramm: Abbildung 3.88 zeigt das Blockdiagramm des Projekts.

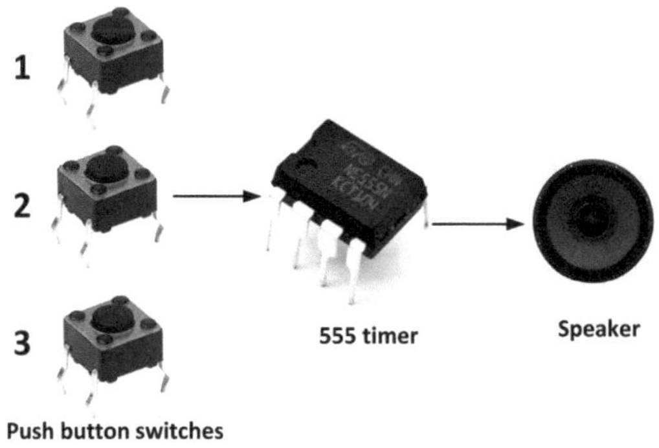

Abbildung 3.88: Blockdiagramm des Projekts.

Design: Die Timing-Komponenten R2 und C1 wurden auf 10 kΩ bzw. 0,01 µF festgelegt. Mit dem Online-Rechner wurden die erforderlichen Werte für R1 berechnet:

For 2 kHz: R1 = 52 kΩ; 56 kΩ wird gewählt
For 4 kHz: R1 = 16 kΩ; 15 kΩ wird gewählt
For 6 kHz: R1 = 4 kΩ; 3.9 kΩ wird gewählt

Komponentenliste

- 1× 555 Timer Chip
- 1× 10 kΩ Widerstand
- 1× 56 kΩ Widerstand
- 1× 15 kΩ Widerstand
- 1× 3.9 kΩ Widerstand
- 1× 0.01 µF Kondensator
- 1× 8 Ω, 0.25 W Lautsprecher oder Buzzer
- 3× Sensor Kontakte (z. B. Drucktaster)
- 1× 0.01 µF Kondensator
- 1× 9 V Batterie
- 1× Batterieclip
- 1× Breadboard

Schaltplan: Abbildung 3.89 zeigt den Schaltplan des Projekts. Der Schaltkreis ist vollständig, wenn ein Sensor geschlossen ist und der entsprechende Ton über den Lautsprecher erzeugt wird.

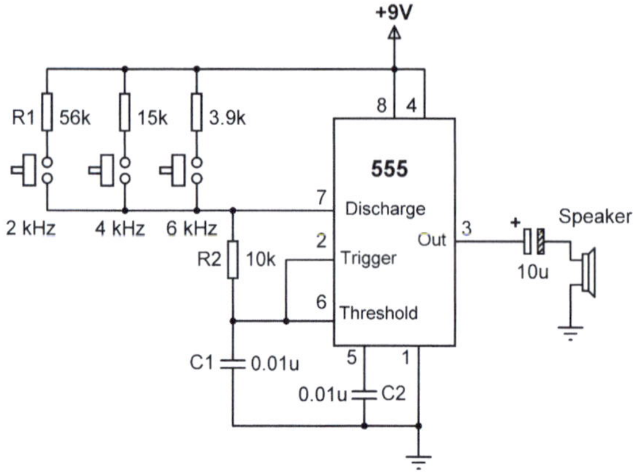

Abbildung 3.89: Schaltplan für das Projekt.

Test: Schließen Sie die Batterie an den Schaltkreis an. Sie sollten einen bestimmten Ton hören, je nach dem, welcher Kontakt geschlossen ist.

3.33 Projekt 32: Monostabil mit wählbaren Dauern

Beschreibung: Dies ist ein monostabiles Projekt, bei dem die Dauer des Ausgangspulses zwischen 1 ms und über einer Minute wählbar ist. Dies erleichtert die Auswahl der erforderlichen Pulsdauer, da für verschiedene Anwendungen unterschiedliche Pulsdauern erforderlich sein können.

Design: Eine Reihe von Timing-Widerständen und Timing-Kondensatoren wird verwendet, um die erforderlichen Pulse zu erzeugen. Ein Online-Rechner für monostabile Designs wird verwendet, um die Werte der Timing-Komponenten auszuwählen. Alternativ kann die folgende Formel verwendet werden:

$$T=1.1\times R\times C$$

wobei T die Pulsdauer ist.

Das Trimmer-Potentiometer wird in Reihe mit dem Haupt-Timing-Widerstand verwendet, um die Ausgangspulsbreite genau anzupassen. Aufgrund von Bauteiltoleranzen ist es nicht möglich, die theoretische Pulsbreite mit den verfügbaren Widerständen und Kondensatoren exakt zu erreichen. Die folgenden Timing-Komponenten werden verwendet:

Trimmer-Widerstand = 100 Ω

Pulsweite (ms)	**Widerstandswert**	**Kondensator-Wert**
1	820 Ω	1 µF
10	8.2 kΩ	1 µF
100	82 kΩ	1 µF
1000	820 kΩ	1 µF

10	820 Ω	10 µF
100	8.2 kΩ	10 µF
1000	82 kΩ	10 µF
10000	820 kΩ	10 µF
100	820 Ω	100 µF
1000	8.2 kΩ	100 µF
10000	82 kΩ	100 µF
100000	820 kΩ	100 µF

Komponentenliste

- 1× 555 Timer Chip
- 1× 820 Ω Widerstand
- 1× 8.2 kΩ Widerstand
- 1× 82 kΩ Widerstand
- 1× 820 kΩ Widerstand
- 1× 100 Ω Potentiometer
- 1× 1 µF Kondensator
- 1× 10 µF Kondensator
- 1× 100 µF Kondensator
- 1× 0.01 µF Kondensator
- 1× 9 V Batterie
- 1× Batterieclip
- 1× Breadboard

Schaltplan: Abbildung 3.90 zeigt den Schaltplan. Ein flexibles Kabel wird in diesem Projekt verwendet, um die Widerstände auszuwählen. Alternativ kann auch ein Mehrwegschalter verwendet werden, wenn gewünscht.

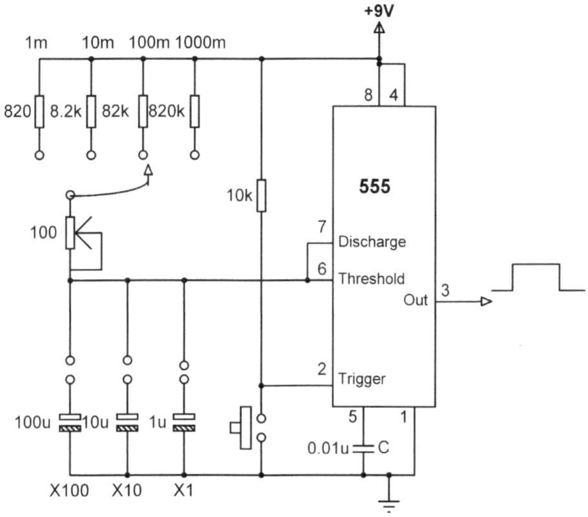

Abbildung 3.90: Schaltplan für das Projekt.

Test: Es wird empfohlen, ein Oszilloskop zu verwenden, um das Projekt zu kalibrieren, indem das Trimmer-Potentiometer nach Bedarf angepasst wird.

3.34 Projekt 33: Elektronisches Metronom

Beschreibung: Metronome sind Geräte, die in der Musik verwendet werden, um bestimmte Zeiten durch die Erzeugung regelmäßiger musikalischer Schläge zu markieren. Die Einheit eines Metronoms ist Schläge pro Minute (bpm) und variiert von 40 bis 208. Bei einer Einstellung von 60 bpm erfolgt beispielsweise ein Schlag jede Sekunde, was 1 Hz entspricht. Typische Metronom-Schläge sind:

40 - 42 - 44 - 46 - 48 - 50 - 52 - 54 - 58 - 60 - 63 - 66 - 69 - 72 - 76 - 80 - 84 - 88 - 92 - 96 - 100 - 104 - 108 - 112 - 116 - 120 - 126 - 132 - 138 - 144 - 152 - 160 - 168 - 176 - 184 - 192 - 200 und 208.

Ein weiteres Beispiel: Ein Metronom, das mit 40 bpm arbeitet, erzeugt 40 Schläge pro Minute mit gleichmäßigen Zeitabständen. Sie können den bpm-Bereich des Metronoms wie folgt in Hz umrechnen:

- 40 bpm = 0,66 Schläge/Sekunde oder 0,66 Hz
- 208 bpm = 3,46 Schläge/Sekunde oder 3,46 Hz

Tabelle 3.1 zeigt einige häufig verwendete Metronomtaktraten und deren musikalische Bezeichnungen.

• **Tabelle 3.1:** Metronomtakte und äquivalente Hz-Werte.

Musikalische Bezeichnung	Rate	Schläge pro Minute	Frequenz
Largo	Sehr langsam	40	0.66 Hz
Larghetto	Recht langsam	60	1.0 Hz
Andante	Langsam	90	1.5 Hz
Moderato	Mittel	120	2.0 Hz
Allegro	Schnell	150	2.5 Hz
Presto	Sehr schnell	180	3.0 Hz
Prestissimo	Extrem schnell	208	3.46 Hz

Design: Um die erforderliche Frequenz für unser Metronom zu erhalten, halten wir den Timing-Kondensator und den Widerstand R1 fest und ändern den Widerstand R2, um Frequenzen im Bereich von 0,66 Hz bis 3,46 Hz zu erzeugen. Wir setzen C=10 µF und R1=22 kΩ. Die erforderlichen Werte für R2 werden dann wie folgt berechnet:

$$f = \frac{1.44}{(R1 + 2R2)C}$$

oder

$$R2 = \frac{1}{2}\left(\frac{1.44}{f.C1} - R1\right)$$

Für 0.66 Hz:

R2 = 98091 Ω

Mit anderen Worten, R2 = 98 kΩ

Für 3.46 Hz:

R2 = 9809 Ω

Mit anderen Worten, R2 = 9.8 kΩ.

So können Sie mit einem 100 kΩ-Potentiometer für R2 alle erforderlichen Metronomschläge erzielen.

Komponentenliste

- 1× 555 Timer Chip
- 1× 22 kΩ Widerstand
- 1× 100 kΩ Potentiometer
- 1× 10 µF Kondensator
- 1× 0.01 µF Kondensator
- 1× Passiver Buzzer
- 1× 9 V Batterie
- 1× Batterieclip
- 1× Breadboard

Schaltplan: Der Schaltplan des Projekts ist in Abbildung 3.91 dargestellt. In diesem Schaltkreis wird ein passiver Buzzer verwendet, der jedoch durch einen Lautsprecher ersetzt werden kann.

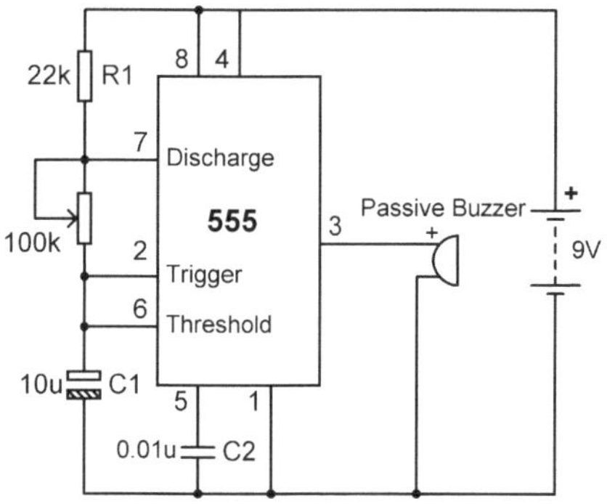

Abbildung 3.91: Schaltplan

Test: Sie können ein kreisförmiges Ziffernblatt mit den darauf markierten Schlagraten erstellen. Verwenden Sie ein mechanisches Metronom, um die Markierungen auf dem Ziffernblatt genau zu beschriften. Alternativ gibt es viele Metronom-Beat-Generator-Apps im Internet, und Sie können eine davon verwenden, um die Markierungen auf Ihrem Ziffernblatt zu beschriften (suchen Sie im Internet nach: Metronom online).

3.35 DC-Spannungsvervielfacher

Transformatoren werden verwendet, um das Spannungsniveau von AC-Spannungen zu erhöhen oder zu verringern, und sie können normalerweise nicht mit DC-Schaltungen verwendet werden. Im Allgemeinen gibt es zwei Methoden, um die Spannungsniveaus von DC-Spannungen zu erhöhen: die Verwendung von DC-zu-DC-Wandlern und die Verwendung von Kondensator-Dioden-Schaltungen. In diesem Abschnitt werden Sie sich mit dem Design von Spannungsvervielfacherschaltungen befassen, die einen 555-Timer zusammen mit Dioden und Kondensatoren verwenden.

3.35.1 Projekt 34: DC-Spannungsverdoppler

Beschreibung: Ein DC-Spannungsverdoppler ist eine elektronische Schaltung, die die Eingangsspannung um den Faktor 2 erhöht. Diese Schaltungen laden Kondensatoren mit der Eingangsspannung auf und schalten deren Spannung so um, dass die Eingangsspannung am Ausgang mit 2 multipliziert wird.

Design: In diesem Abschnitt wird ein 555-Timer im astabilen Modus mit einer Ausgangsfrequenz von einigen kHz zusammen mit Kondensatoren und Dioden verwendet, um die Spannungsausgabe des 555-Timers zu vervielfachen. Mit Bezug auf das Schaltbild in Abbildung 3.92: Wenn der Ausgang des 555-Timers niedrig ist, ist die Diode D1 durchlässig und der Kondensator C3 wird auf die Versorgungsspannung, die in diesem Projekt 9 V beträgt, aufgeladen. Wenn der Ausgang des 555-Timers hoch wird, wird die Diode D1 gesperrt und blockiert die Entladung des Kondensators C3. Gleichzeitig wird D2 durchlässig, und der Kondensator C4 lädt sich mit der kombinierten Spannung von Kondensator C3 und der Eingangsspannung auf, d.h. er wird auf etwa 18 V aufgeladen.

Komponentenliste

- 1× 555 Timer Chip
- 1× 15 kΩ Widerstand
- 1× 27 kΩ Potentiometer
- 1× 10 nF Kondensator
- 2× 100 µF Kondensator
- 2× 1N4148 Dioden
- 1× 0.01 µF Kondensator
- 1× Passive Buzzer
- 1× 9 V Batterie
- 1× Batterieclip
- 1× Breadboard

Schaltplan: Abbildung 3.92 zeigt das Schaltbild des Projekts.

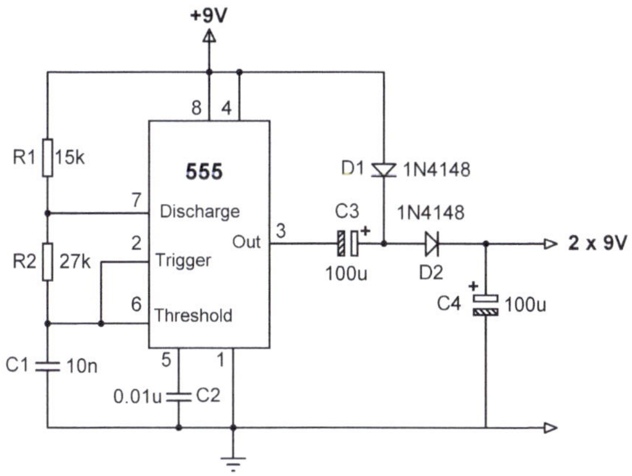

Abbildung 3.92: Schaltbild zum Projekt.

Konstruktion: Abbildung 3.93 zeigt die Schaltung, die auf einem kleinen Breadboard aufgebaut ist.

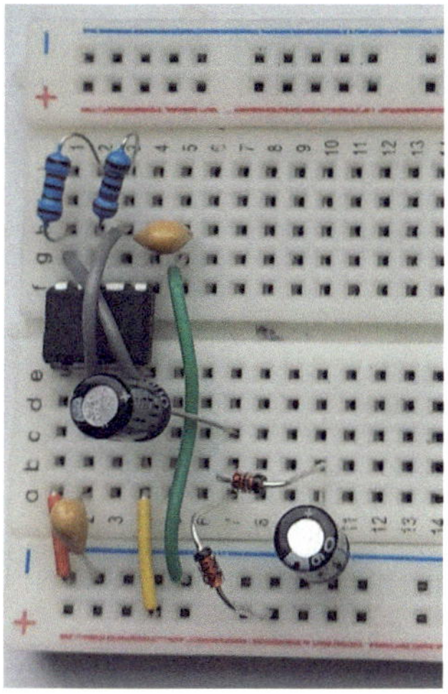

Abbildung 3.93: Schaltung auf einem Breadboard.

Test: Schließen Sie die Batterie an. Verwenden Sie ein Voltmeter, um die DC-Ausgangsspannung zu messen, die ungefähr das Doppelte der Versorgungsspannung betragen sollte, wenn keine Last an den Ausgang angeschlossen ist. Die Stromfähigkeit dieser Art von Schaltung ist sehr gering, im Bereich von mehreren Milliampere, und die Ausgangsspannung wird sinken, wenn ein hoher Strom aus der Schaltung gezogen wird.

Der Wert der verwendeten Kondensatoren hängt von der Frequenz des 555-Timers ab. Wenn die Kondensatoren zu niedrig oder die Frequenz zu niedrig ist, kann es zu Welligkeit (Ripple) am Ausgang kommen.

3.35.2 Projekt 35: DC-Spannungsverdreifacher

Beschreibung: Diese Schaltung ist ähnlich wie die vorherige, aber hier beträgt die DC-Ausgangsspannung ungefähr das Dreifache der Versorgungsspannung.

Design: Der Betrieb der DC-Spannungsverdreifacher-Schaltung ähnelt der des Spannungsverdopplers, bei dem der 555-Timer im astabilen Modus verwendet wird und Dioden und Kondensatoren in der Schaltung eingesetzt werden.

Komponentenliste

- 1× 555 Timer Chip
- 1× 15 kΩ Widerstand
- 1× 27 kΩ Widerstand
- 1× 10 nF Kondensator
- 3× 100 µF Kondensator
- 3× 1N4148 Dioden
- 1× 0.01 µF Kondensator
- 1× Passive Buzzer
- 1× 9 V Batterie
- 1× Batterieclip
- 1× Breadboard

Schaltplan: Abbildung 3.94 zeigt das Schaltbild des Projekts.

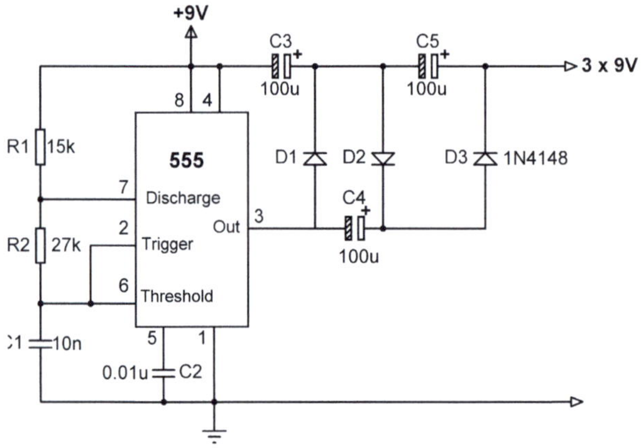

Abbildung 3.94: Schaltbild für das Projekt.

Test: Schließen Sie die Batterie an. Verwenden Sie ein Voltmeter, um die DC-Ausgangsspannung zu messen, die ungefähr das Dreifache der Versorgungsspannung betragen sollte, wenn keine Last an den Ausgang angeschlossen ist.

3.35.3 Projekt 36: DC-Spannungsverdoppler

Beschreibung: Diese Schaltung ist ähnlich wie die vorherigen, aber hier beträgt die DC-Ausgangsspannung ungefähr das Vierfache der Versorgungsspannung.

Design: Der Betrieb der DC-Spannungsverdoppler-Schaltung ähnelt wieder der des Spannungsverdopplers, bei dem der 555-Timer im astabilen Modus verwendet wird und Dioden und Kondensatoren eingesetzt werden. Hier werden zwei Dioden-/Kondensator-Netzwerke zur Spannungsverdopplung in Reihe geschaltet.

Komponentenliste

- 1× 555 Timer Chip
- 1× 15 kΩ Widerstand
- 1× 27 kΩ Widerstand
- 1× 10 nF Kondensator
- 4× 100 µF Kondensator
- 4× 1N4148 Dioden
- 1× 0.01 µF Kondensator
- 1× Passive Buzzer
- 1× 9 V Batterie
- 1× Batterieclip
- 1× Breadboard

Schaltplan: Abbildung 3.95 zeigt das Schaltbild des Projekts. Stellen Sie sicher, dass die Elektrolytkondensatoren die richtigen Spannungswerte haben.

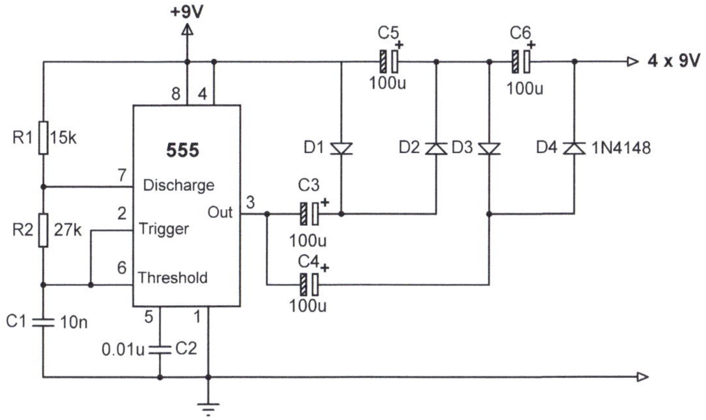

Abbildung 3.95: Schaltbild zum Projekt.

Test: Schließen Sie die Batterie an. Verwenden Sie ein Voltmeter, um die DC-Ausgangsspannung zu messen, die ohne Last etwa das Vierfache der Versorgungsspannung betragen sollte.

3.36 Projekt 37: 7-Segment-LED-Zähler

Beschreibung: Dies ist ein einstelliger 7-Segment-LED-Zähler, der jedes Mal um eins hochzählt, wenn eine Drucktaste gedrückt wird. Der Schaltkreis ist im Wesentlichen ein Monoflop, das bei jedem Drücken einer Taste einen Puls erzeugt. Der Ausgang des Monoflops wird als Taktimpuls an einen CD4026-Zähler/7-Segment-Treiber-IC gesendet, der wiederum eine 7-Segment-LED steuert, um eine Zahl anzuzeigen. Die Anzeige zählt von

0 bis 9 in Schritten von 1, wenn die Taste gedrückt wird. Nach 9 wird sie auf 0 zurückgesetzt und zählt dann weiter.

Blockdiagramm: Abbildung 3.96 zeigt das Blockdiagramm des Projekts.

Abbildung 3.96: Blockdiagramm des Projekts.

Design: Der 555-Timer ist als Monoflop mit einer Pulsdauer von 300 ms konfiguriert. Mit dem Online-Rechner wurden die Werte der Timing-Komponenten ermittelt:

- R = 27 kΩ
- C = 10 µF

Die 7-Segment-LED-Anzeige

Die Anzeige von Daten ist eine der grundlegenden Ausgabefunktionen jedes Datenverarbeitungssystems. Beispielsweise werden Anzeigen verwendet, um Sensordaten wie Temperatur, Luftfeuchtigkeit, Druck usw. anzuzeigen. Es gibt mehrere Arten von Anzeigegeräten, die in digitalen Systemen verwendet werden können. LCDs und 7-Segment-Anzeigen sind wahrscheinlich zwei der am häufigsten verwendeten Anzeigegeräte. Es gibt verschiedene Arten von LCDs, wie textbasierte LCDs, Grafik-LCDs, Farb-LCDs, Touchscreen-LCDs usw. 7-Segment-Anzeigen werden verwendet, um numerische oder alphanumerische Werte anzuzeigen, und sie können eine oder mehrere Ziffern haben. Einziffern-Anzeigen können nur Zahlen von 0 bis 9 darstellen. Zweiziffern-Anzeigen können Zahlen von 0 bis 99 anzeigen, dreiziffern-Anzeigen Zahlen von 0 bis 999 usw. In diesem Projekt wird eine zweiziffrige 7-Segment-Anzeige verwendet.

Wie in Abbildung 3.97 gezeigt, besteht eine 7-Segment-LED-Anzeige im Wesentlichen aus 7 LEDs, die so verbunden sind, dass Zahlen von 0 bis 9 und einige Buchstaben angezeigt werden können. Die Segmente werden durch Buchstaben von a bis g identifiziert. Abbildung 3.98 zeigt die Segmentnamen einer typischen 7-Segment-Anzeige.

Abbildung 3.97: Einziffern-7-Segment-Anzeige.

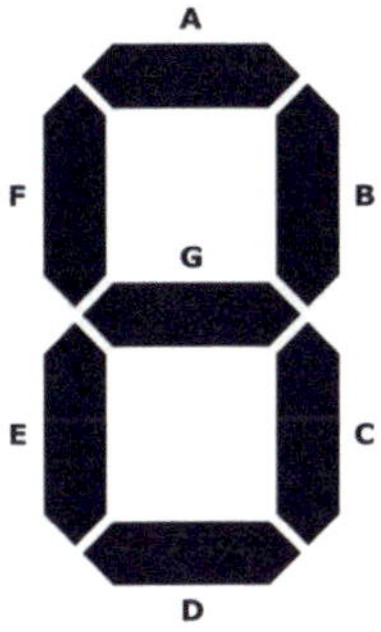

Abbildung 3.98: Segmentnamen einer 7-Segment-Anzeige.

Abbildung 3.99 zeigt, wie die Zahlen von 0 bis 9 durch Ein- oder Ausschalten verschiedener Segmente der Anzeige erhalten werden können.

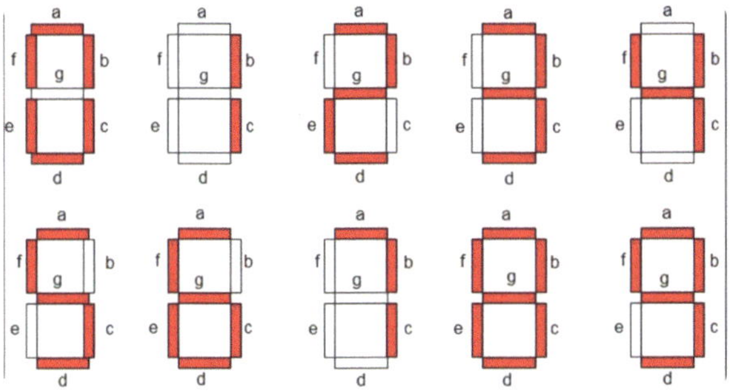

Abbildung 3.99: Anzeige der Zahlen 0 bis 9.

7-Segment-LED-Anzeigen sind in zwei verschiedenen Konfigurationen erhältlich: Common-Cathode und Common-Anode. Bei der Common-Cathode-Konfiguration sind alle Kathoden aller Segment-LEDs zusammen mit der Masse verbunden. Die Segmente werden dann durch Anlegen eines Logik-1-Signals an die entsprechende Segment-LED über einen strombegrenzenden Widerstand eingeschaltet. In der Common-Cathode-Konfiguration wird die 7-Segment-LED normalerweise im Stromquellenmodus angeschlossen.

In einer Common-Anode-Konfiguration sind die Anodenterminals aller Segment-LEDs zusammen verbunden. Dieser gemeinsame Punkt ist dann normalerweise mit der Versorgungsspannung verbunden. Ein Segment wird eingeschaltet, indem sein Kathodenterminal über einen strombegrenzenden Widerstand mit Logik 0 verbunden wird. In der Common-Anode-Konfiguration wird die 7-Segment-LED normalerweise im Stromsenkmodus angeschlossen.

Der CD4026 IC

Der CD4026 ist ein Zähler und ein 7-Segment-LED-Dekoder, der verwendet werden kann, um einstufige Anzeigen anzutreiben. Der Chip (Abbildung 3.100) hat die Eingänge CLOCK, RESET, CLOCK INHIBIT und DISPLAY ENABLE. Der CLOCK-Eingang erhöht den Zähler bei der positiven Flanke um eins. Ein hoher RESET-Signal setzt den Zähler auf null zurück.

Wenn CLOCK INHIBIT hoch ist, wird die Zählerweiterung über die Uhr verhindert. Wenn DISPLAY ENABLE niedrig ist, werden die sieben dekodierten Ausgänge unabhängig vom Zustand des Zählers auf niedrig gezwungen. Das CARRY OUT-Signal wird verwendet, um mehr als einen CD4026 in Reihe zu schalten. Die Ausgangspins, die mit a, b, c, d, e, f und g beschriftet sind, sind über strombegrenzende Widerstände mit den Pins der 7-Segment-Anzeige verbunden.

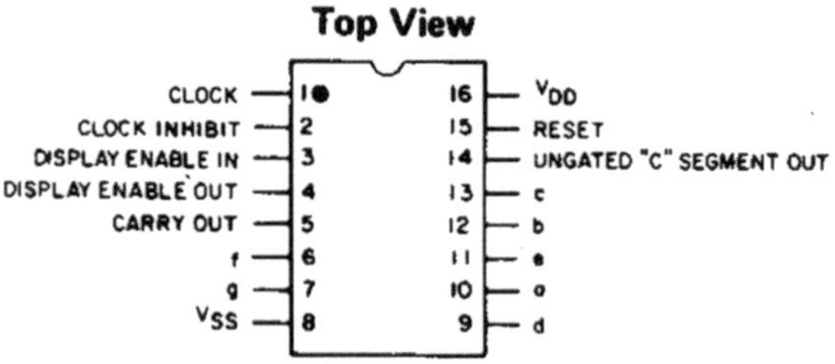

Abbildung 3.100: CD4026-Pinbelegung.

Die grundlegenden Funktionen des CD4026 ICs sind:

- Betriebsspannung von 3 V bis 18 V
- Bis zu 2,5 MHz Takt-Eingang
- Taktimpulsbreite: 100 ns Minimum
- Reset-Pulsbreite: 100 ns Minimum
- Ausgangs-LOW-Strom: 6,8 mA (bei 1,5 V Ausgang)
- Ausgangs-HIGH-Srom: 2,6 mA (bei 9,5 V Ausgang)
- Ausgangs-LOW-Spannung: 0,05 V Maximum
- Ausgangs-HIGH-Spannung: 9,95 V Minimum (bei 10 V Versorgungsspannung)

Komponentenliste

- 1× 555 Timer Chip
- 1× CD4026 Chip
- 1× 27 kΩ Widerstand
- 7× 2.2 kΩ Widerstand
- 1× 10 kΩ Widerstand
- 1× Common-cathode 7-segment Display
- 1× Drucksschalter
- 1× 10 µF Kondensator
- 1× 0.01 µF Kondensator
- 1× 9 V Batterie
- 1× Batterieclip
- 1× Breadboard

Schaltplan: In diesem Projekt wird ein 5161AH Einzelziffern-7-Segment-LED-Display von XLITX Technology verwendet. Dies ist ein 0,56 Zoll großes Common-Cathode-Einzelziffern-Display. **Abbildung 3.101** zeigt die Pinbelegung dieses Displays. Die grundlegenden Spezifikationen dieses Displays sind:

- Vorwärtsspannung: 1,8 V
- Emissionswellenlänge: 640 nm
- Vorwärtsstrom pro Chip: maximal 30 mA

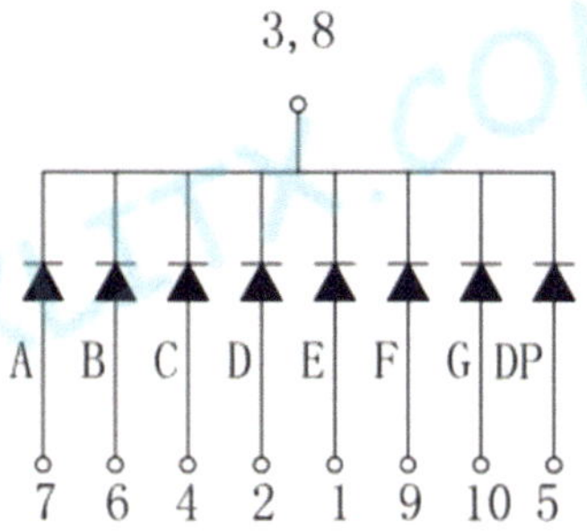

Abbildung 3.101: 5161AH-Display.

Abbildung 3.102 zeigt den Schaltplan des Projekts. Der 555-Timer ist im monostabilen Modus konfiguriert, und 2,2 kΩ Strombegrenzungswiderstände werden verwendet, um die Segment-LEDs zu treiben.

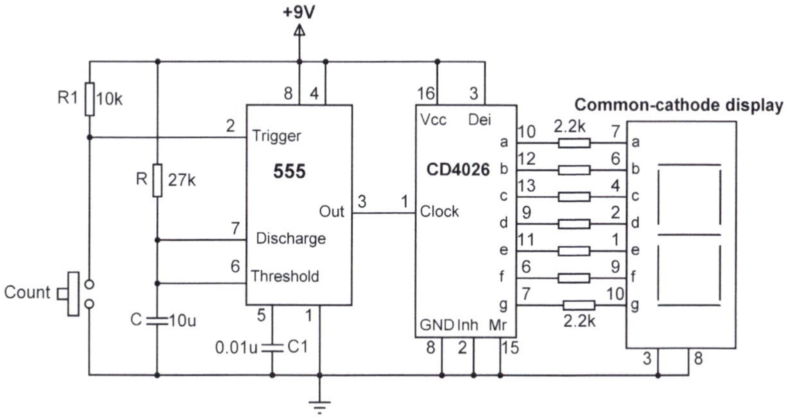

Abbildung 3.102: Schaltplan für das Projekt.

Bau: Abbildung 3.103 zeigt das Projekt auf einem kleinen Breadboard.

Abbildung 3.103: Projekt auf einem Breadboard.

Testen: Schließen Sie die Batterie an. Drücken Sie die Taste. Jedes Mal, wenn die Taste gedrückt wird, zählt das Display hoch.

3.37 Projekt 38: 2-stelliger 7-Segment-LED-Zähler

Beschreibung: Dies ist ein 2-stelliges 7-Segment-LED-Zählwerk, das jede Sekunde um eins hochzählt. Das Display kann von 00 bis 99 zählen. Der Schaltkreis ist im Wesentlichen ein Astabiler mit einer Periode von etwa einer Sekunde. Der Ausgang des astabilen 555er Schaltung wird als Taktsignal an ein CD4026-Zähler-/7-Segment-Treiber-IC gesendet. Der Carry-Out-Pin dieses ICs ist mit einem weiteren CD4026 IC verbunden, und jeder IC steuert ein 7-Segment-LED-Display.

Blockdiagramm: Abbildung 3.104 zeigt das Blockdiagramm des Projekts.

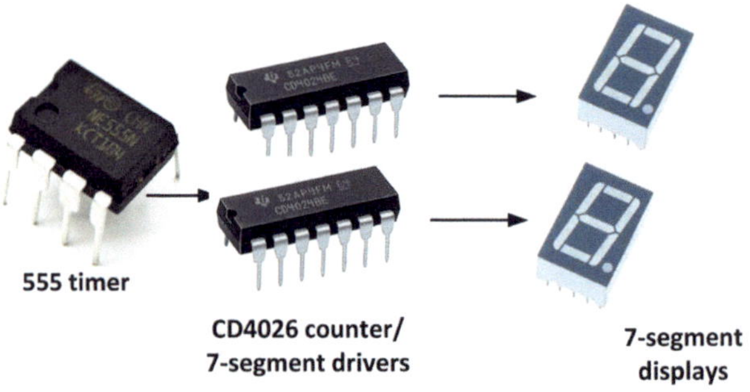

Abbildung 3.104: Blockdiagramm des Projekts.

Design: Der 555-Timer ist als astabile Schaltung mit einer ungefähren Periode von 1 Sekunde konfiguriert. Mit dem Online-Rechner wurden die Werte der Timing-Komponenten berechnet:

- R1 = 47 kΩ
- R2 = 47 kΩ
- C1 = 10 µF

Zwei CD4026 Zähler-/Treiber-ICs werden im Design verwendet. Der erste Chip steuert das 1er-Display. Der Carry-Ausgang des ersten Chips treibt den zweiten Chip an, der wiederum das 10er-Display steuert.

Komponentenliste

- 1× 555 Timer Chip
- 2× CD4026 Chip
- 2× 47 kΩ Widerstand
- 14× 2.2 kΩ Widerstand
- 2× Common-Cathode 7-segment Display
- 1× 10 µF Kondensator
- 1× 0.01 µF Kondensator
- 1× 9 V Batterie
- 1× Batterieclip
- 1× Breadboard

Schaltbild: Abbildung 3.105 zeigt das Schaltbild des Projekts.

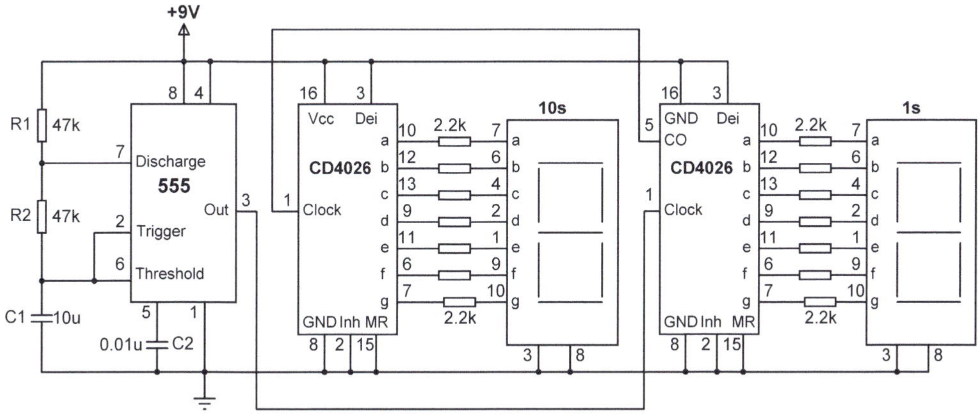

Abbildung 3.105: Schaltbild zum Projekt.

Test: Schließen Sie die Batterie an. Das Display sollte jede Sekunde hochzählen und dabei die Werte 00 bis 99 wiederholt anzeigen.

3.38 Projekt 39: LED-Würfel

Beschreibung: Dies ist ein LED-basiertes Würfelprojekt, das den 555 Timer im astabilen Modus verwendet. Sechs LEDs sind nebeneinander auf dem Breadboard montiert und von 1 bis 6 nummeriert. Durch Drücken eines Knopfes werden die LEDs sehr schnell (d.h. mit etwa 50 Hz) ein- und ausgeschaltet, was nicht wahrnehmbar ist. Beim Loslassen des Knopfes wird nur eine LED eingeschaltet, und die entsprechende Zahl ist die Würfelzahl zwischen 1 und 6.

Blockdiagramm: Abbildung 3.106 zeigt das Blockdiagramm des Projekts.

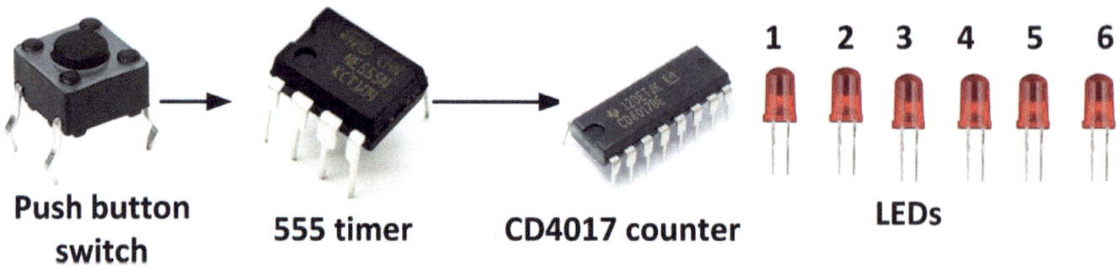

Abbildung 3.106: Blockdiagramm des Projekts.

Design: In diesem Projekt wird ein CD4017-Typ Dekadenzähler-Chip verwendet (siehe auch Projekt 18). Der Ausgang des 555 Timers steuert den Zähler. Pin OUT 6 des Zählers ist mit seinem Reset-Pin verbunden, sodass der Zähler nur von 0 bis 5 zählt, d.h. nur die LEDs 1 bis 6 im Projekt verwendet werden.

Mit dem Online-Rechner wurden die folgenden Timing-Komponenten für den Astabilen Modus mit einer Frequenz von ungefähr 50 Hz ausgewählt:

- R1 = R2 = 10 kΩ
- C1 = 1 µF

Komponentenliste

- 1× 555 Timer Chip
- 1× CD4017 Counter
- 1× 2.2 kΩ Widerstand
- 3× 10 kΩ Widerstand
- 7× rote 3 mm LED
- 1× Drucktaster
- 1× 1 µF Kondensator
- 1× 0.01 µF Kondensator
- 1× 9 V Batterie
- 1× Batterieclip
- 1× Breadboard

Schaltbild: Abbildung 3.107 zeigt das Schaltbild des Projekts. Beachten Sie, dass der Reset-Eingang des CD4017-Zählers verwendet wird, um ihn zurückzusetzen.

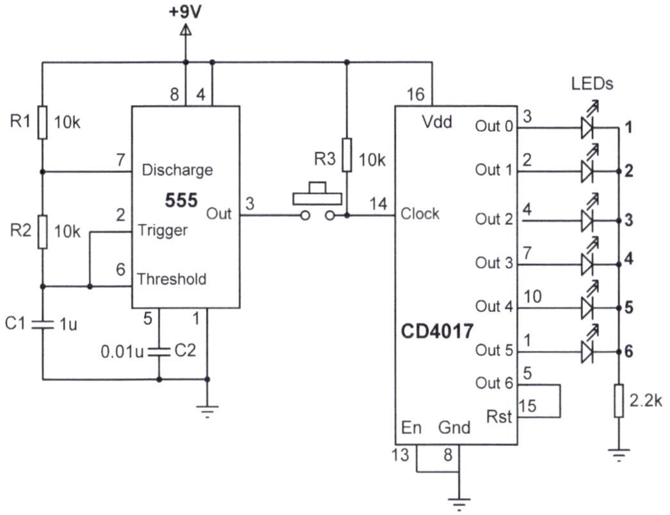

Abbildung 3.107: Schaltbild für das Projekt.

Konstruktion: Abbildung 3.108 zeigt das Projekt, auf einem kleinen Breadboard.

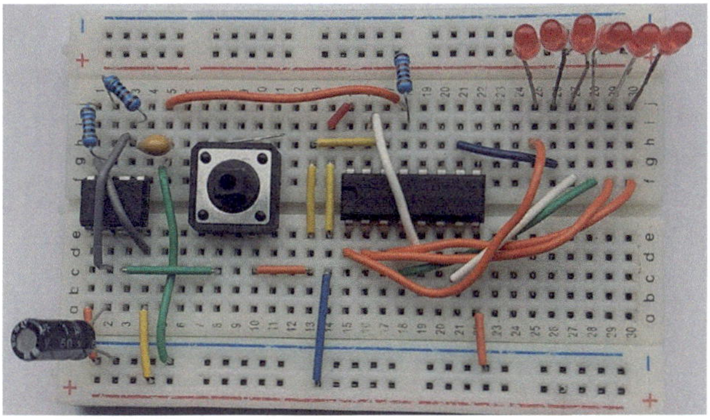

Abbildung 3.108: Projekt auf einem Breadboard.

Test: Schließen Sie die Batterie an. Drücken und lassen Sie den Knopf los, und Sie sollten sehen, dass nur eine der 6 LEDs leuchtet, um eine Würfelzahl anzuzeigen.

3.39 Projekt 40: 7-Segment-LED-Würfel

Beschreibung: Dies ist ein Würfelprojekt, das auf einem einzelnen 7-Segment-Display basiert. Sie drücken die PLAY-Taste, um den Würfel zu „werfen" oder „rollen". In diesem Projekt arbeitet der 555-Timer als astabiler Multivibrator, und das Display durchläuft die Zahlen 1 bis 6 so schnell (d. h. mit etwa 50 Hz), dass Sie die einzelnen Zahlen nicht „sehen" können. Wenn die Taste losgelassen wird, wird eine Würfelzahl zwischen 1 und 6 angezeigt.

Blockdiagramm: Abbildung 3.109 zeigt das Blockdiagramm des Projekts.

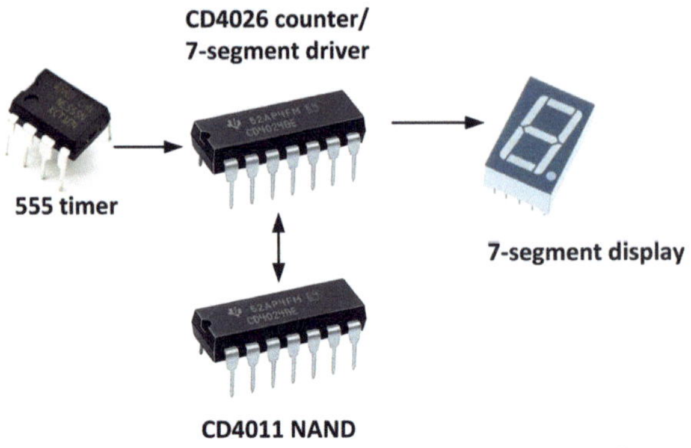

Abbildung 3.109: Blockdiagramm des Projekts.

Design: Mithilfe des Online-Astabile-Rechners wurden die Timing-Komponenten wie im vorherigen Projekt für eine Frequenz von etwa 50 Hz gewählt:

- R1 = R2 = 10 kΩ
- C1 = 1 µF

Der CD4026-Zähler/7-Segment-Treiberchip wurde verwendet, um das Display zu steuern, wobei der Taktanschluss dieses Chips vom astabilen Ausgang betrieben wird. Eine logische Schaltung ist so ausgelegt, dass sie erkennt, wann die Zahl 6 vom CD4026 angezeigt wird, und dann wird der Chip zurückgesetzt, sodass nur die Zahlen 1 bis 6 wie beim Würfeln angezeigt werden. Tabelle 3.2 zeigt die CD4026-Ausgangsdaten, die an das 7-Segment-Display gesendet werden.

Count	÷10 OUT	a	b	c	d	e	f	g
0	HIGH	1	1	1	1	1	1	0
1	HIGH	0	1	1	0	0	0	0
2	HIGH	1	1	0	1	1	0	1
3	HIGH	1	1	1	1	0	0	1
4	HIGH	0	1	1	0	0	1	1
5	LOW	1	0	1	1	0	1	1
6	LOW	1	0	1	1	1	1	1
7	LOW	1	1	1	0	0	0	0
8	LOW	1	1	1	1	1	1	1
9	LOW	1	1	0	1	1	1	1

Tabelle 3.2: CD4026-Ausgänge zum 7-Segment-Display
(https://pfnicholls.com/Electronics/4026_Counter.html)

Der CD4026 setzt alle seine Ausgänge auf Low, wenn sein Reset-Eingang High ist. Daher müssen Sie erkennen, wann die Ausgabe kurz davor ist, die Zahl 7 anzuzeigen, und dann den Chip zurücksetzen. In Bezug auf Tabelle 3.2 stellen Sie fest, dass beim Anzeigen der Zahl 7 das a-Segment 1 und das d-Segment 0 ist. Dies ist eine einzigartige Kombination, die auftritt, wenn die Zahl 7 angezeigt wird. Daher müssen Sie diesen Zustand mit einer logischen Schaltung erkennen und dann eine 1 ausgeben, um den CD4026-Chip zurückzusetzen. In allen anderen Kombinationen muss die Ausgabe dieser logischen Schaltung 0 sein. Wenn Sie die Wahrheitstabelle der Anforderung zeichnen, erhalten Sie:

a	**d**	**Output**
0	0	0
0	1	0
1	0	1
1	1	0

Es ist klar, dass ein AND-Gatter benötigt wird, dessen Ausgangwerte sind:

Ausgang = a.(nicht d)

Wir können beispielsweise eine Gruppe von CD4011 NAND-Gattern verwenden, um die erforderliche logische Schaltung aufzubauen. Der CD4011 ist ein Chip mit vier 2-Eingangs-NAND-Gattern, und die erforderliche Schaltung ist in Abbildung 3.110 dargestellt:

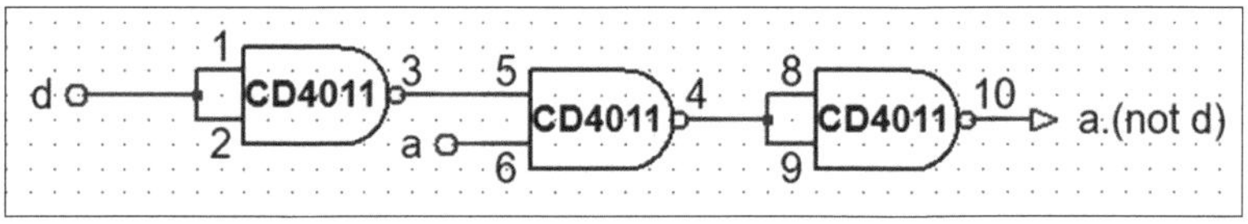

Abbildung 3.110: Verwendung von CD4011 NAND-Gattern für die erforderliche logische Schaltung.

Komponentenliste

- 1× 555 Timer Chip
- 1× CD4026 Counter Chip
- 1× CD4011 NAND Gate Chip
- 3× 10 kΩ Widerstand
- 7× 2.2 kΩ Widerstand
- 1× 4.7 kΩ Widerstand
- 1× Common-Cathode 7-segment Display
- 1× Drucktaster
- 1× 1 μF Kondensator
- 1× 0.01 μF Kondensator
- 1× 9 V Batterie
- 1× Batterieclip
- 1× Breadboard

Schaltplan: Abbildung 3.111 zeigt das Schaltbild des Projekts. Beachten Sie, dass der Reset-Eingang des CD4026-Zählers verwendet wird, um ihn zurückzusetzen, sodass das Display nur die Zahlen 1 bis 6 anzeigt.

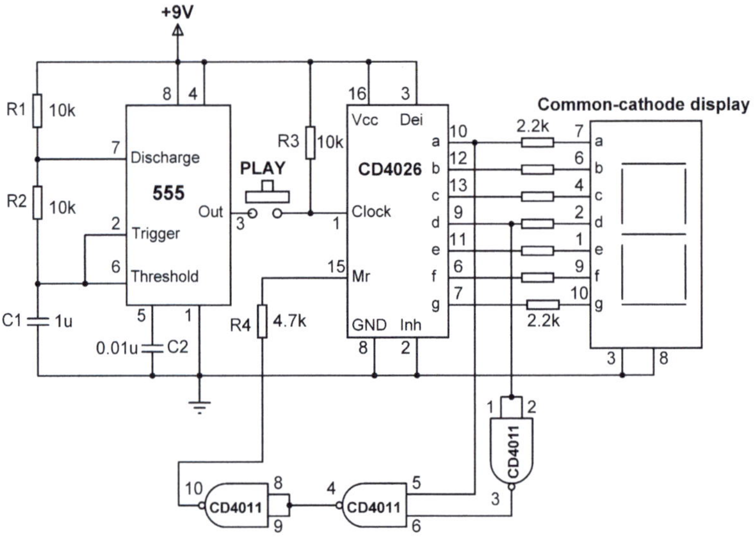

Abbildung 3.111: Schaltbild zum Projekt.

Test: Schließen Sie die Batterie an. Drücken und lassen Sie die PLAY-Taste los. Eine Würfelzahl zwischen 1 und 6 wird angezeigt. Beachten Sie, dass auch eine 0 angezeigt werden kann. Wenn dies geschieht, drücken Sie die PLAY-Taste erneut!

3.40 Projekt 41: DC-Motorsteuerung

Beschreibung: Dieses Projekt zeigt, wie die Geschwindigkeit eines DC-Motors mit der Pulsweitenmodulation (PWM) mithilfe eines 555-Timers im astabilen Modus gesteuert werden kann. In diesem Projekt wird ein kleiner, bürstenbehafteter DC-Motor verwendet.

PWM

Die Pulsweitenmodulation (PWM) ist eine häufig verwendete Technik zur Steuerung der Leistung, die analogen Lasten mit digitalen Wellenformen zugeführt wird. Obwohl analoge Spannungen (und Ströme) verwendet werden können, um die zugeführte Leistung zu steuern, haben sie mehrere Nachteile. Die Steuerung großer analoger Lasten erfordert große Spannungen und Ströme, die mit herkömmlichen analogen Schaltungen und DACs nicht einfach erzeugt werden können. Große analoge Spannungsquellen können schwer, groß und teuer sein, und sie sind auch empfindlich gegenüber Störungen. Durch die Verwendung der PWM-Technik wird der durchschnittliche Spannungswert (und Strom) kontrolliert, der einer Last zugeführt wird, indem die Versorgungsspannung schnell ein- und ausgeschaltet wird. Je länger die Einschaltdauer ist, desto höher ist die Spannung, die der Last zugeführt wird.

Abbildung 3.112 zeigt eine typische PWM-Wellenform, bei der das Signal im Wesentlichen einen sich wiederholenden positiven Puls hat, der die Periode T, die Einschaltdauer TOn und die Ausschaltzeit von T – TOn Sekunden umfasst. Die minimalen und maximalen Werte der Spannung, die der Last zugeführt wird, sind 0 und VP. Die PWM-Schaltfrequenz wird normalerweise sehr hoch (in der Regel im Bereich mehrerer kHz) eingestellt, damit sie die Last, die die Leistung nutzt, nicht beeinflusst. Der Hauptvorteil der PWM besteht darin, dass die Last effizient betrieben wird, da die Leistungsverluste im Schaltgerät sehr gering sind. Wenn der Schalter eingeschaltet ist, gibt es praktisch keinen Spannungsabfall über dem Schalter, und wenn der Schalter ausgeschaltet ist, wird kein Strom an die Last geliefert.

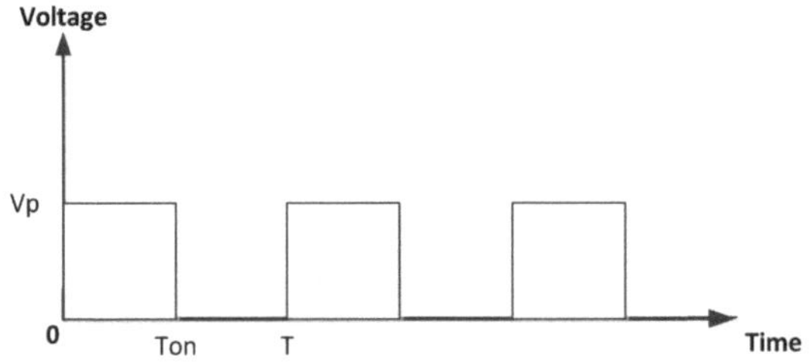

Abbildung 3.112: Beispiel eøiner PWM-Wellenform.

Der Tastgrad (oder D) einer PWM-Wellenform wird als Verhältnis der Einschaltdauer zu ihrer Periode definiert. Mathematisch ausgedrückt:

$$\text{Tastgrad } (D) = T_{\text{On}} / T$$

Der Tastgrad wird normalerweise als Prozentsatz ausgedrückt, daher:

$$D = (T_{\text{On}} / T_{\text{Off}}) \times 100\,\%$$

Durch die Variation des Tastgrads zwischen 0 % und 100 % kann die durchschnittliche Spannung, die der Last zugeführt wird, effektiv zwischen 0 und Vp gesteuert werden.

Der durchschnittliche Wert der an die Last angelegten Spannung kann berechnet werden, indem eine allgemeine PWM-Wellenform berücksichtigt wird, die in Abbildung 3.112 gezeigt ist. Der Durchschnittswert A der Wellenform f(t) mit der Periode T und dem Maximalwert ymax sowie dem Minimalwert ymin wird berechnet als:

$$A = \frac{1}{T}\int_{0}^{T} f(t)\,\mathrm{dt}$$

oder,

$$A = \frac{1}{T}\left(\int_{0}^{T_{\text{ON}}} y_{\text{max}}\,\mathrm{dt} + \int_{T_{\text{ON}}}^{T} y_{\text{mindt}}\right)$$

In einer PWM-Wellenform, mit ymin=0, vereinfacht sich die Gleichung zur Berechnung des Mittelwerts der Wellenform zu:

$$A=\frac{1}{T}\left(T_{\mathrm{ON}}\, y_{\max}\right)$$

oder $$A=D\, y_{\max}$$

Wie aus der obigen Gleichung ersichtlich ist, ist der Durchschnittswert der an die Last gelieferten Spannung direkt proportional zum Tastverhältnis der PWM-Wellenform, und durch Variieren des Tastverhältnisses steuern Sie die durchschnittliche Lastspannung. Abbildung 3.113 zeigt die durchschnittliche Spannung für verschiedene Werte des Tastverhältnisses.

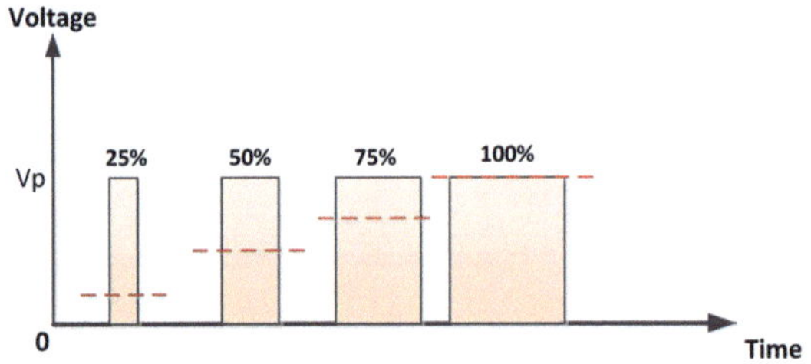

Abbildung 3.113: Durchschnittliche Spannung (als gestrichelte Linie dargestellt), die einer Last zugeführt wird.

Durch Variieren des Tastverhältnisses können Sie effektiv die durchschnittliche analoge Spannung, die der Last zugeführt wird, ändern.

Design: Die PWM-Ausgangsspannung wird mithilfe des 555 in astabiler Betriebsart erzeugt und das Tastverhältnis von etwa 0 % auf etwa 100 % geändert. Die Methoden zur Änderung des Tastverhältnisses in einem so weiten Bereich wurden in Abschnitt 2.2.4 im Detail besprochen, wo ein Potentiometer verwendet wird, um das Tastverhältnis und damit die durchschnittliche Leistung, die dem Motor zugeführt wird, anzupassen.

In diesem Projekt wird ein ähnlicher Schaltkreis wie in Abbildung 2.10 verwendet, um das Tastverhältnis zu ändern und somit die PWM-Wellenform zu erzeugen. Der astabile Multivibrator ist so konfiguriert, dass er mit einer Frequenz von etwa 68 Hz arbeitet. Mit dem Online-Rechner wurden die folgenden Timing-Komponenten ausgewählt:

R1 = 1 kΩ
R2 = 10 kΩ potentiometer
C1 = 1 µF Kondensator

Blockdiagramm: Abbildung 3.114 zeigt das Blockdiagramm des Projekts.

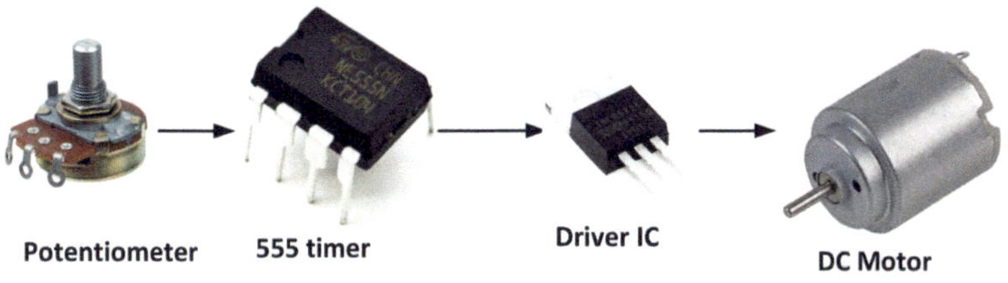

Abbildung 3.114: Blockdiagramm des Projekts.

Komponentenliste

- 1× 555 Timer Chip
- 1× IRFZ46N MOSFET
- 1× 9 V DC Bürstenmotor
- 1× 1N4148 Diode
- 1× 1 kΩ Widerstand
- 1× 10 kΩ Potentiometer
- 1× 1 µF Kondensator
- 1× 0.01 µF Kondensator
- 1× 9 V Batterie
- 1× Batterieclip
- 1× Breadboard

Schaltplan: Der Schaltplan des Projekts ist in Abbildung 3.115 dargestellt. Ein MOSFET wird am Ausgang verwendet, um ausreichend Strom für den DC-Motor bereitzustellen.

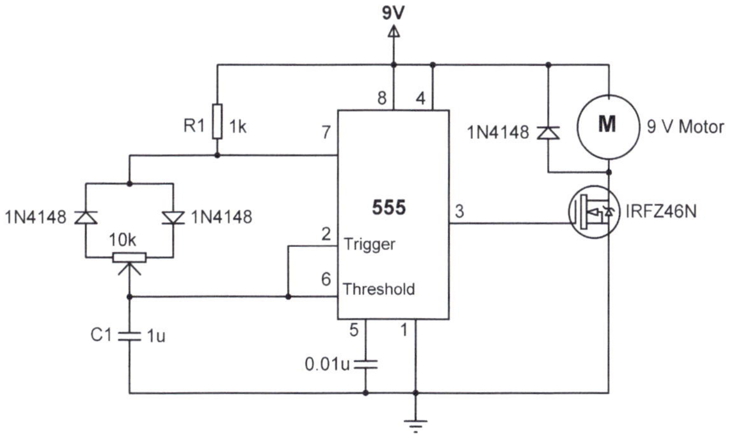

Abbildung 3.115: Schaltplan für das Projekt.

Test: Schließen Sie die Batterie an. Bewegen (oder drehen) Sie den Arm des Potentiometers, und Sie sollten sehen, dass sich die Geschwindigkeit des Motors ändert.

3.41 Projekt 42: Steuerung des Servomotors

Beschreibung: Ein Servomotor ist ein Elektromotor, dessen Rotationswinkel gesteuert werden kann. Er besteht aus einem DC-Motor mit einem Rückmeldesystem zur Bestimmung der Motorposition. In diesem Projekt verwenden Sie einen kleinen, beliebten Servomotor, bekannt als SG90 Tower Pro. Ein Potentiometer wird verwendet, um die Bewegung der Motorachse zu steuern.

Blockdiagramm: Abbildung 3.116 zeigt das Blockdiagramm des Projekts.

Abbildung 3.116: SG90 Servomotor.

Design: Der Betrieb des SG90 Servos erfordert ein PWM-Signal von 50 Hz (d. h. eine Periode von 20 ms). Der Winkel des Servos hängt von der Einschaltzeit des PWM-Signals ab, wie in Abbildung 3.117 gezeigt. Ein 1-ms-Puls dreht den Servo nach links, was als Position 0º bekannt ist. Ein 1,5-ms-Puls dreht den Motor um 90º nach rechts, und ein 2-ms-Puls dreht ihn um 180º nach rechts. Daher müssen Sie die Periode des Pulses bei 20 ms halten, aber die Einschaltdauer ändern, wie in Abbildung 3.117 gezeigt. In diesem Projekt wird das Drehen des Potentiometers zu einem Ende den Servoarm auf 180º setzen, und das Drehen zum anderen Ende wird den Servo auf 0º drehen.

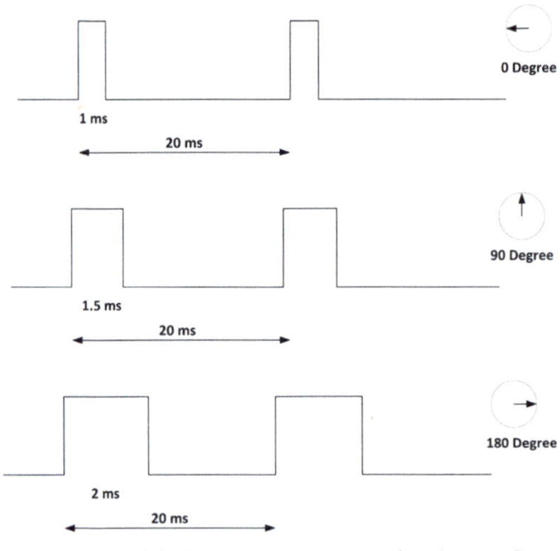

Abbildung 3.117: SG90 Servo-Steuerung (nicht maßstabsgetreu).

Schaltung: Die Schaltung ist im Grunde ein 555, der als astabil konfiguriert ist. Mit Bezug auf das Schaltbild in Abbildung 3.118 können Sie die Werte der Timing-Komponenten wie folgt berechnen:

Die Einschaltzeit

Die Ausgangseinschaltzeit wird gegeben durch:

$$T_{On} = 0.693(R1 + VR) \times C1$$

wobei VR das Potentiometer ist. Der Kondensator wird durch R1, D1 und VR aufgeladen. Angenommen, VR ist auf 8 kΩ eingestellt und ein 0,33 µF Kondensator wird verwendet, dann ist:

Fall 1:

$$T_{On} = 0.693(1\ k\Omega + 8\ k\Omega) \times 0.33 \times 10^{-6} = 2.05\ ms.$$

Daher erwarten Sie, dass der Servo auf die Position 180º dreht.

Fall 2:

Wenn das Potentiometer auf die Position 5,5 kΩ gedreht wird, beträgt die Einschaltzeit:

$$T_{On} = 0.693(1\ k\Omega + 5.5\ k\Omega) \times 0.33 \times 10^{-6} = 1.48\ ms.$$

Daher erwarten Sie, dass der Servo auf die Position 90º dreht.

Fall 3:

Wenn das Potentiometer auf die Position 3,6 kΩ gedreht wird, beträgt die Einschaltzeit:

$$T_{On} = 0.693(1\ k\Omega + 3.6\ k\Omega) \times 0.33 \times 10^{-6} = 1.05\ ms.$$

Daher erwarten Sie, dass der Servo auf die Position 0º dreht.

Die Ausschaltzeit:

Der Kondensator wird durch VR, D2 und R2 entladen. Die Ausgangsausschaltzeit wird gegeben durch:

$$T_{Off} = 0.693(R2 + VR) \times C1$$

Wenn das Potentiometer bei 8 kΩ steht, dann ist VR = 50kΩ–8kΩ = 42kΩ. Wenn Sie R2 auf 36 kΩ einstellen, erhalten Sie:

$$T_{Off} = 0.693(36\ k\Omega + 42\ k\Omega) \times 0.33 \times 10^{-6} = 17.83\ ms$$

Daher beträgt die Periode der Welle 17.83 ms + 2 ms = 19.83 ms, was sehr nah an den erforderlichen 20 ms liegt.

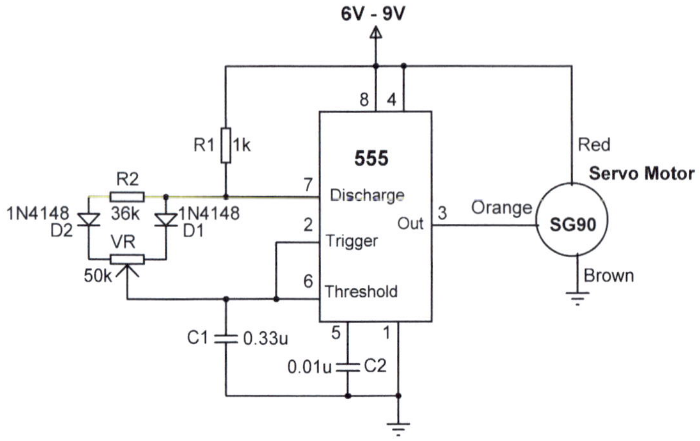

Abbildung 3.118: Schaltplan zum Projekt.

Komponentenliste

- 1× 555 Timer Chip
- 1× SG90 Servo Motor
- 2× 1N4148 Diode
- 1× 1 kΩ Widerstand
- 1× 36 kΩ Potentiometer
- 1× 50 kΩ Potentiometer
- 1× 0.33 µF Kondensator
- 1× 0.01 µF Kondensator
- 1× 9 V Batterie
- 1× Batterieclip
- 1× Breadboard

Test: Schließen Sie die Batterie an. Drehen Sie das Potentiometer zu einem Ende, und Sie sollten sehen, wie sich die Servowelle dreht. Drehen Sie das Potentiometer zum anderen Ende, und der Servoarm sollte sich um 180º drehen.

3.42 Projekt 43: Temperatur-Alarm-Schaltung

Beschreibung: Dieses Projekt verwendet einen Thermistor, um die Temperatur zu messen. Wenn die Temperatur einen bestimmten Wert überschreitet, wird ein aktiver Summer aktiviert, um dies anzuzeigen.

Blockdiagramm: Abbildung 3.119 zeigt das Blockdiagramm des Projekts.

Abbildung 3.119: Blockdiagramm des Projekts.

Thermistoren

Ein Thermistor ist ein halbleitender Widerstand, dessen Widerstand sich mit der Temperatur ändert. Es gibt zwei Arten von Thermistoren: PTC und NTC. Bei PTC-Thermistoren steigt der Widerstand mit zunehmender Temperatur. Diese Art von Thermistor wird üblicherweise zum Schutz von Schaltungen vor Überstrombedingungen verwendet. Bei NTC-Thermistoren sinkt der Widerstand mit zunehmender Temperatur. Diese Art von Thermistor wird in Anwendungen zur Temperaturüberwachung und -steuerung eingesetzt. NTC-Thermistoren sind präzise Temperatursensoren. Ihre Genauigkeit liegt im Bereich von ±0,1 °C bis ±2 °C. Der typische Betriebstemperaturbereich eines Thermistors liegt bei –55 °C bis +150 °C.

Abbildung 3.120 zeigt das Bild von zwei typischen NTC-Thermistoren. Die Temperatur-Widerstand-Charakteristik eines typischen NTC-Thermistors ist in der Abbildung dargestellt. Der Widerstand ist bei niedrigen Temperaturen hoch und nimmt bei steigender Temperatur schnell ab.

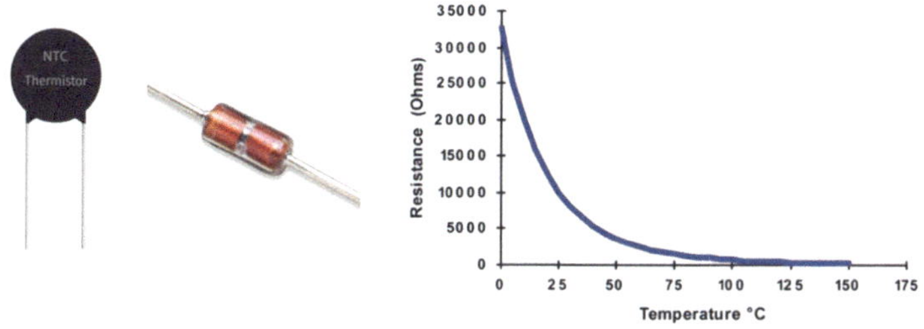

Abbildung 3.120: Ein typischer Thermistor.

Design: Die Pins 2 und 6 des 555-Timers sind miteinander verbunden. Der Thermistor ist in Reihe mit einem Potentiometer in Form eines resistiven Spannungsteilers angeschlossen. Die Verbindung der beiden Widerstände wird zu den Pins 2 und 6 geführt. Bei niedriger Temperatur ist die Spannung an Pin 2 und Pin 6 hoch, und als Ergebnis ist der Ausgang des Timers niedrig, und der Summer ist ausgeschaltet. Wenn die Temperatur steigt, sinkt die Spannung an Pin 2 und Pin 6, und der Ausgang des Timers wird hoch, wodurch der aktive Summer eingeschaltet wird. Der aktive Summer bleibt eingeschaltet, solange die Spannung an der Verbindung niedrig ist. Das Potentiometer wird verwendet, um den Auslösepunkt der Schaltung einzustellen, d. h. die Temperatur, bei der der Ausgang hoch werden soll. Ein Widerstand wird in Reihe mit dem Summer verwendet, um dessen Lautstärke anzupassen. Falls erforderlich, kann eine zusätzliche LED an den Ausgang des Timers angeschlossen werden

Komponentenliste

- 1× 555 Timer Chip
- 1x NTC-Thermistor
- 1× 1 kΩ Potentiometer
- 1× 47 kΩ Potentiometer
- 1× 0.01 µF Kondensator
- 1× Aktiver Buzzer
- 1× 9 V Batterie
- 1× Batterieclip
- 1× Breadboard

Schaltplan: Abbildung 3.121 zeigt den Schaltplan des Projekts.

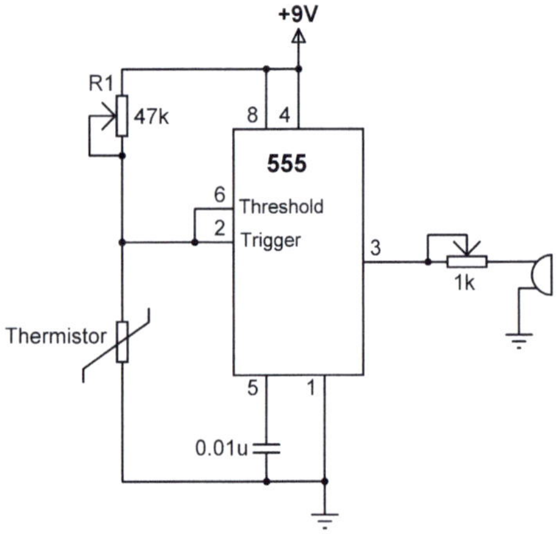

Abbildung 3.121: Schaltplan des Projekts.

Test: Stellen Sie das Potentiometer auf die gewünschte Temperatur ein, sodass der Summer gerade aktiviert wird. Das Projekt aktiviert dann den Summer automatisch, wenn die eingestellte Temperatur erreicht ist.

3.43 Projekt 44: Temperaturregler

Beschreibung: Dies ist ein Temperaturregelungsprojekt. Wie im vorherigen Projekt wird ein Thermistor verwendet, um die Temperatur zu messen. In diesem Projekt wird der Thermistor in einem geschlossenen Raum (oder Ofen) platziert. Ein Relais ist mit dem Ausgang des 555-Timers verbunden, welches einen Heizkörper aktiviert, wenn es eingeschaltet ist. Das Relais wird aktiviert, wenn die Temperatur unter einen festgelegten Wert fällt. Wenn die Temperatur den eingestellten Wert überschreitet, wird das Relais deaktiviert, was den Heizkörper stoppt, sodass die Temperatur sinkt. Dieser Vorgang wird wiederholt, wobei das Relais ein- und ausgeschaltet wird, um die Temperatur im Raum zu regeln.

Blockdiagramm: Abbildung 3.122 zeigt das Blockdiagramm des Projekts.

Abbildung 3.122: Blockdiagramm des Projekts

Design: Der Aufbau dieser Schaltung ist ähnlich wie im vorherigen Projekt. Hier ist der Thermistor an den oberen Teil des 555-Timers angeschlossen. Wie im vorherigen Projekt ist der Widerstand des Thermistors bei niedriger Temperatur sehr hoch, und die Spannung an der Verbindung von Pin 2 und Pin 6 ist hoch. Daher ist der Ausgang des Timers auf Low, was den Summer aktiviert. Wenn die Temperatur den gewünschten Auslösepunkt erreicht, sinkt die Spannung an Pin 2 und 6, und der Ausgang des Timers wird High, wodurch das Relais und der Heizkörper deaktiviert werden.

Komponentenliste

- 1× 555 Timer Chip
- 1x NTC-Thermistor
- 1x 1N4148 Diode
- 1× 47 kΩ Potentiometer
- 1× 5 V Relais
- 1× 0.01 µF Kondensator
- 1× Aktiver Buzzer
- 1× 9 V Batterie
- 1× Batterieclip
- 1× Breadboard

Schaltplan: Abbildung 3.123 zeigt den Schaltplan des Projekts. Beachten Sie, dass das Relais im Stromsenken-Modus angeschlossen ist.

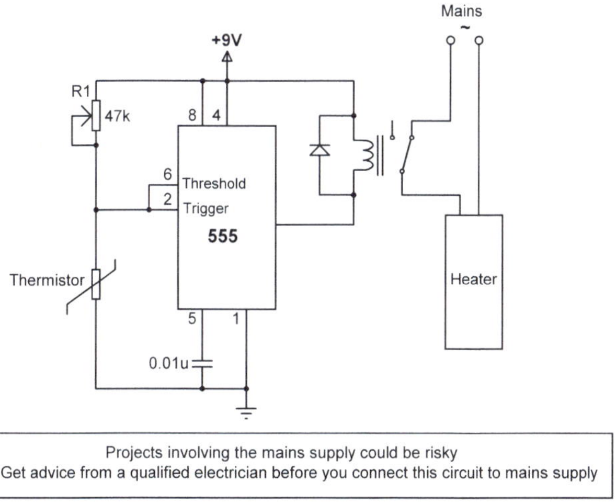

Abbildung 3.123: Schaltplan des Projekts,

Test: Stellen Sie das Potentiometer so ein, dass das Relais deaktiviert wird, sobald die gewünschte Temperatur erreicht ist.

3.44 Projekt 45: H-Brücken-Steuerung für Gleichstrommotor

Beschreibung: Eine H-Brücke ist eine Schaltung, die unter anderem verwendet wird, um Gleichstrommotoren in beide Richtungen zu steuern. Sie wird häufig in Anwendungen zur Motorsteuerung wie in der Robotik eingesetzt. Ein Potentiometer wird verwendet, um die Motordrehrichtung zu steuern. In diesem Projekt wird ein kleiner, gebürsteter Gleichstrommotor verwendet.

Abbildung 3.124 zeigt den Betrieb einer einfachen H-Brückenschaltung. Wenn die Schalter SW1 und SW4 geschlossen sind, dreht sich der Motor in eine Richtung. Wenn die Schalter SW2 und SW3 geschlossen sind, dreht sich der Motor in die andere Richtung.

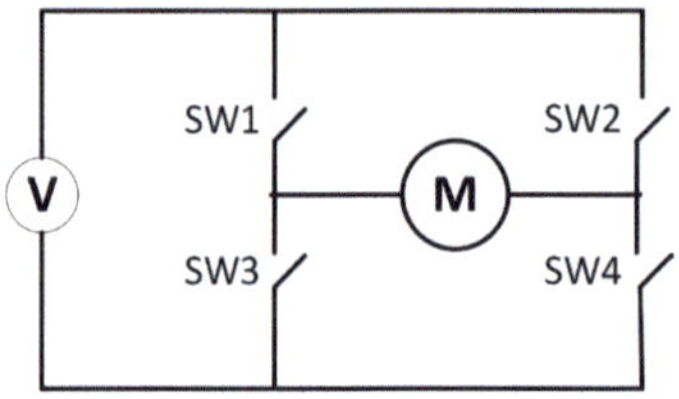

Abbildung 3.124: Grundlegende Funktionsweise der H-Brücke,

Blockdiagramm: In diesem Projekt werden zwei 555-Timer verwendet. Abbildung 3.125 zeigt das Blockdiagramm des Projekts.

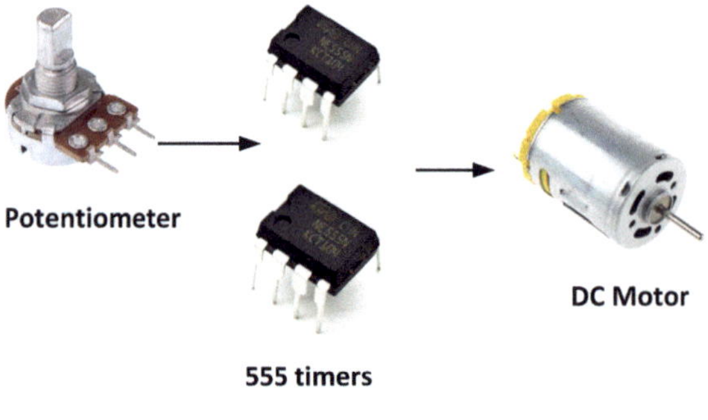

Abbildung 3.125: Blockdiagramm des Projekts,

Design: In Bezug auf den Schaltplan in Abbildung 3.126 gilt: Wenn das Potentiometer in eine Richtung bewegt wird, sinkt die Spannung am Trigger-Eingang des ersten 555-Timers unter Vcc/3, und dessen Ausgang wird auf High gesetzt. Da der Ausgang des zweiten 555-Timers Low ist, beginnt der Motor, sich in eine Richtung zu drehen. Wenn der Arm des Potentiometers in die andere Richtung bewegt wird, überschreitet die Spannung am Schwellenwert des ersten 555-Timers 2/3 Vcc. Dadurch wird der Ausgang des ersten 555-Timers zurückgesetzt, und gleichzeitig wird der Ausgang des zweiten 555-Timers auf High gesetzt. Dies versetzt den ersten 555 in den Stromsenken-Modus und den zweiten in den stromliefernden Modus.

Komponentenliste

- 2× 555 Timer Chip
- 1× 10 kΩ potentiometer
- 2× 1N4148 Diode
- 1x DC Motor
- 2× 0.01 µF Kondensator
- 1× 9 V Batterie
- 1× Batterieclip
- 1× Breadboard

Schaltungsdesign: Abbildung 3.126 zeigt den Schaltplan des Projekts.

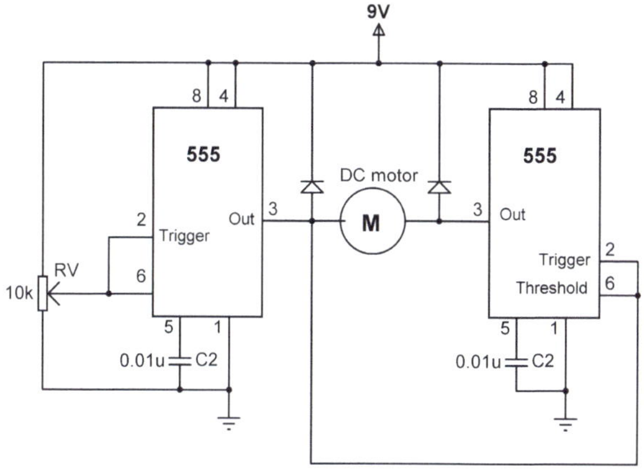

Abbildung 3.126: Schaltplan des Projekts.

Aufbau: Abbildung 3.127 zeigt die Schaltung auf einem kleinen Breadboard aufgebaut.

Abbildung 3.127: Schaltung auf einem Breadboard.

Test: Schließen Sie die Batterie an. Wenn Sie das Potentiometer in eine Richtung drehen, sollte sich der Motor in eine Richtung drehen. Bewegen Sie das Potentiometer in die entgegengesetzte Richtung, sollte sich der Motor in die andere Richtung drehen.

3.45 Projekt 46: „Schnellster Finger zuerst" - Quiz-Schaltung für zwei Teilnehmer

Beschreibung: Dieses Quiz wird als Wettkampf zwischen zwei oder mehr Teilnehmern ausgetragen, um ihr Wissen zu testen. In einem Quiz mit zwei Teilnehmern hat jeder Teilnehmer einen Drucktaster und eine Lampe. Nachdem der Quizmaster eine Frage gestellt hat, bekommt derjenige, der den Knopf zuerst drückt, die Chance, die Frage zu beantworten. Wenn jemand den Knopf drückt, ertönt ein aktiver Summer und die Lampe der Person leuchtet auf, um anzuzeigen, wer zuerst gedrückt hat. Wenn eine Person den Knopf zuerst drückt, werden die Tasten der anderen Teilnehmer deaktiviert. Danach setzt der Quizmaster die Schaltung zurück, sodass die Lampen und der Summer ausgeschaltet sind. In vielen Anwendungen nehmen zwei Gruppen am Quiz teil, möglicherweise mit zwei oder mehr Personen in jeder Gruppe, wobei jedes Mitglied jeder Gruppe mit einem Knopf ausgestattet ist. Zum Beispiel kann das Quiz zwischen zwei Hochschulen stattfinden.

In diesem Projekt wird davon ausgegangen, dass das Quiz zwischen zwei Personen stattfindet. Zwei Drucktaster, zwei LEDs und ein Summer werden in diesem Projekt verwendet. Zusätzlich wird ein Drucktaster vom Quizmaster verwendet, um die Schaltung zurückzusetzen. In realen Anwendungen können Relais verwendet werden, und die LEDs können durch Lampen und der Summer durch ein lautes Audiogerät ersetzt werden.

Blockdiagramm: Abbildung 3.128 zeigt das Blockdiagramm des Projekts.

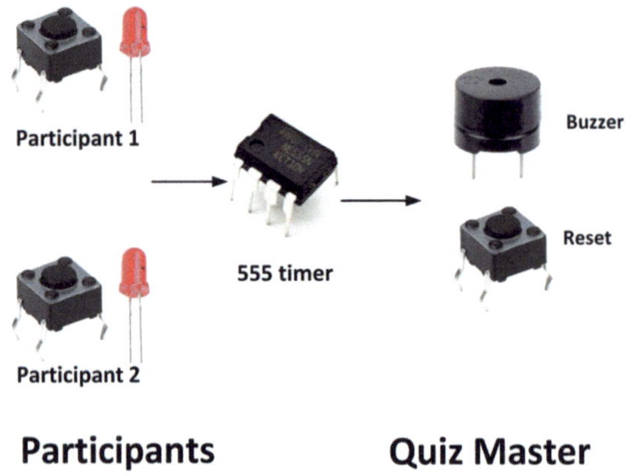

Abbildung 3.128: Blockdiagramm des Projekts.

Design: Wie in Abbildung 3.129 gezeigt, werden zwei 555-Timer-ICs im Design verwendet. Bei mehr als zwei Teilnehmern können weitere Timer-Chips verwendet werden. Die Tasten sind mit den Trigger-Eingängen der beiden Timer verbunden. Das Drücken eines Knopfes löst einen Timer aus, schaltet die LED des Teilnehmers ein und aktiviert den aktiven Summer. Gleichzeitig wird Diode D1 oder D2 in Durchlassrichtung geschaltet, wodurch die Ausgänge auf High bleiben und weitere Trigger nicht mehr von der Schaltung akzeptiert werden. Mit anderen Worten: Der Ausgang dieses Timers deaktiviert das Auslösen des anderen Timers, sodass nur ein Tastendruck von der Schaltung akzeptiert wird. Der Quizmaster drückt den Reset-Knopf, um das Spiel neu zu starten.

Komponentenliste

- 2× 555 Timer Chip
- 1× BC337 Transistor
- 3× 10 kΩ Widerstand
- 2× 1 kΩ Widerstand
- 2× 680 Ω Widerstand
- 2× rote 5 mm LED
- 3 x 1N4148 Diode
- 3× Drucktaster
- 1× Aktiver Buzzer
- 2× 0.01 µF Kondensator
- 1× Aktiver Buzzer
- 1× 9V Batterie
- 1× Batterieclip
- 1× Breadboard

Schaltplan: Abbildung 3.129 zeigt den Schaltplan des Projekts. In der nächsten Sektion wird erläutert, wie das Projekt erweitert werden kann, um mehr als zwei Gruppen von Personen zu integrieren, wobei es in jeder Gruppe mehr als einen Teilnehmer geben könnte.

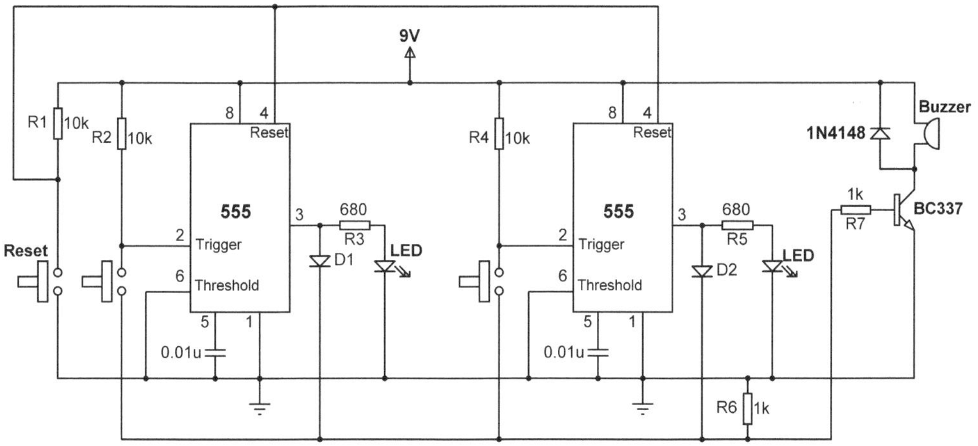

Abbildung 3.129: Schaltplan des Projekts,

Aufbau: Abbildung 3.130 zeigt die Schaltung, die auf einem kleinen Breadboard aufgebaut ist.

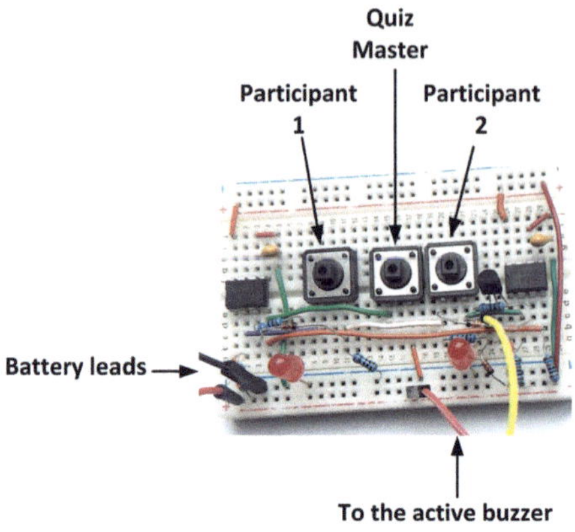

Abbildung 3.130: Schaltung auf einem Breadboard,

Test: Drücken Sie die Tasten zufällig sowie gleichzeitig, um sicherzustellen, dass nur der erste Tastendruck von der Schaltung akzeptiert wird. Der Summer sollte ertönen, wenn eine Taste gedrückt wird, und die entsprechende LED sollte aufleuchten. Durch Drücken der Reset-Taste sollte die Schaltung zurückgesetzt werden, indem der Summer und die LED ausgeschaltet werden.

3.46 Projekt 47: „Schnellster Finger zuerst" - Quiz-Schaltung - Sechs Teilnehmer in drei Gruppen

Beschreibung: Dieses Projekt ähnelt dem vorherigen, aber hier wird davon ausgegangen, dass es drei Gruppen von Teilnehmern gibt, und jede Gruppe hat zwei Teilnehmer. Die Anzahl der Gruppen und Teilnehmer kann in diesem Projekt leicht angepasst werden.

Blockdiagramm: Abbildung 3.131 zeigt das Blockdiagramm des Projekts.

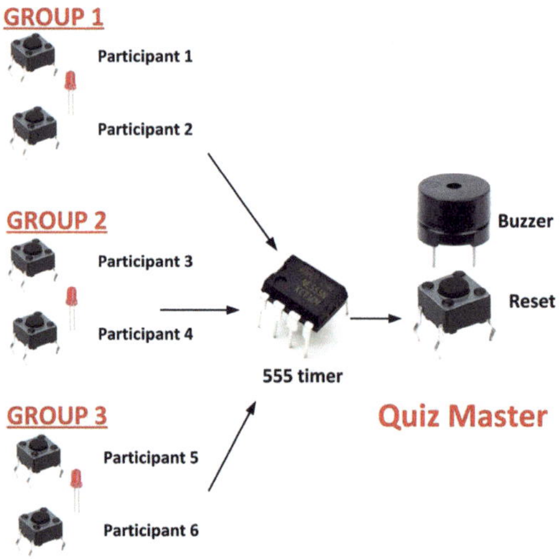

Abbildung 3.131: Blockdiagramm des Projekts.

Design: Das Design dieses Projekts ist dem vorherigen sehr ähnlich, jedoch werden hier drei 555-Timer und mehr Tasten verwendet, da es mehr Teilnehmer gibt.

Komponentenliste

- 3× 555 Timer Chip
- 1× BC337 Transistor
- 4× 10 kΩ Widerstand
- 2× 1 kΩ Widerstand
- 7× Drucktaster
- 4× 1N4148 Diode
- 3× rote 5 mm LED
- 3× 680 Ω Widerstand
- 3× 0.01 µF Kondensator
- 1× Aktiver Buzzer
- 1× 9 V Batterie
- 1× Batterieclip
- 1× Breadboard

Schaltplan: Abbildung 3.132 zeigt den Schaltplan des Projekts. Wie im vorherigen Projekt setzt der Quizmaster die Schaltung zurück, indem er den Reset-Knopf drückt.

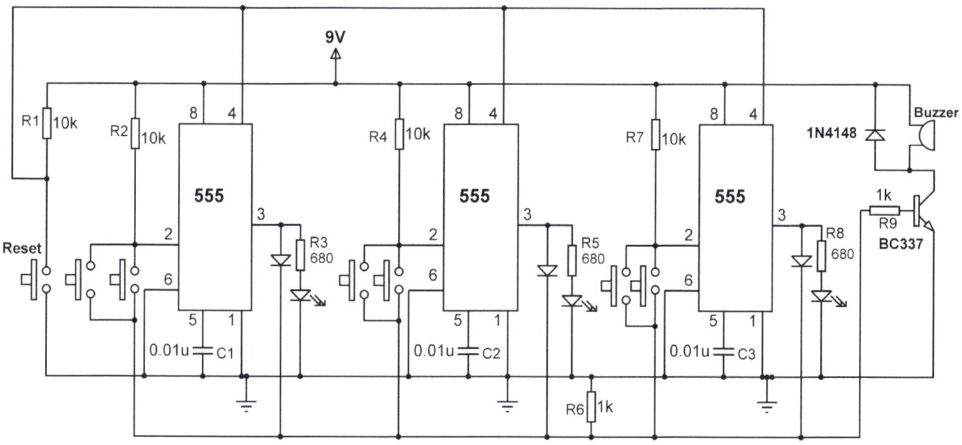

Abbildung 3.132: Schaltplan des Projekts.

Test: Drücken Sie die Tasten zufällig und gleichzeitig, um sicherzustellen, dass nur der erste Tastendruck von der Schaltung akzeptiert wird. Der Summer sollte ertönen, wenn eine Taste gedrückt wird, und die entsprechende LED sollte aufleuchten. Durch Drücken des Reset-Knopfs sollte die Schaltung zurückgesetzt werden, indem der Summer und die LED ausgeschaltet werden.

3.47 Verwendung des Steuerpins des 555-Timers

Pin 5 des 555-Timers ist der Steuerpin, der normalerweise über einen kleinen Kondensator mit Masse verbunden ist. Dies hilft, den internen Spannungsteiler auf 2/3 Vcc zu halten.

Anstelle eines Kondensators können Sie diesen Pin auch ungenutzt lassen, obwohl dies möglicherweise Rauschen im Ausgang erzeugt und nicht empfohlen wird. Sie können auch einen Widerstand an Pin 5 hinzufügen, was die Wirkung hat, die Spannung am Spannungsteiler innerhalb des 555-Timers zu senken oder zu erhöhen.

Pin 5 ermöglicht es Ihnen, die Schwellenspannung (Pin 6) zu steuern, wodurch Sie die Länge des Ausgangspulses im monostabilen Modus variieren oder die Ausgangsfrequenz im astabilen Modus ändern können. Zum Beispiel können Sie mit dem Steuerpin einen spannungsgesteuerten Oszillator oder eine Modulationsschaltung entwerfen, bei der der 555-Timer die Trägerfrequenz liefert und die Spannung an Pin 5 das Signal liefert, das moduliert werden soll. Ein Beispiel für die Verwendung von Pin 5 wird im nächsten Abschnitt vorgestellt.

3.47.1 Projekt 48: Spannungsgesteuerter Oszillator

Beschreibung: Dies ist ein Projekt für einen spannungssteuerbaren Oszillator. Der 555-Timer wird so konfiguriert, dass er mit einer Frequenz von etwa 1 kHz oszilliert. Die Spannung an Pin 5 wird mithilfe eines Potentiometers verändert. Die Ausgangsspannung wird auf einem Oszilloskop angezeigt.

Design: Der 555-Timer wird im astabilen Modus betrieben, mit einer ungefähren Ausgangsfrequenz von 1 kHz. Die Werte der Timing-Komponenten wurden mithilfe eines Online-Rechners wie folgt berechnet:

- R1 = 6,8 kΩ
- R2 = 68 kΩ
- C1 = 0,01 µF

Eine Gleichspannung wird über ein 10 kΩ Potentiometer an den Steuerpin des 555-Timers angelegt.

Komponentenliste

- 1× 555 Timer Chip
- 1× 6.8 kΩ Widerstand
- 1× 68 kΩ Widerstand
- 1× 10 kΩ Potentiometer
- 2× 0.01 µF Kondensator
- 1× 9 V Batterie
- 1× Batterieclip
- 1× Breadboard

Schaltplan: Abbildung 3.133 zeigt den Schaltplan des Projekts

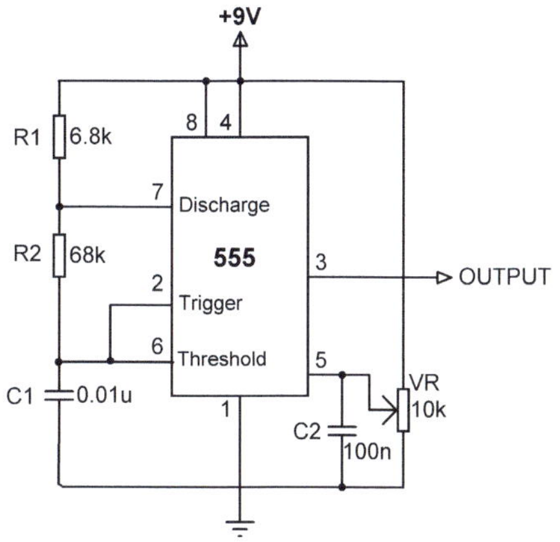

Abbildung 3.133: Schaltplan des Projekts.

Test: Abbildung 3.134 zeigt die Ausgangswellenform (Frequenz = 1,918 kHz), wenn das Potentiometer an einem Ende steht. Ebenso zeigt Abbildung 3.135 die Ausgangswellenform (Frequenz = 338,5 Hz), wenn das Potentiometer am anderen Ende steht.

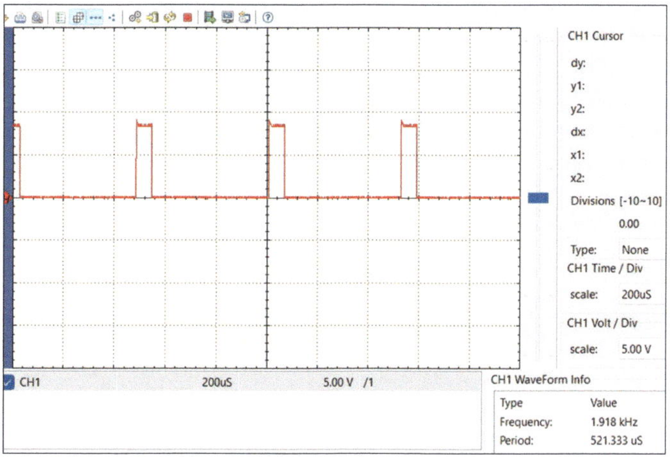

Abbildung 3.134: Ausgangswellenform mit dem Potentiometer an einem Ende.

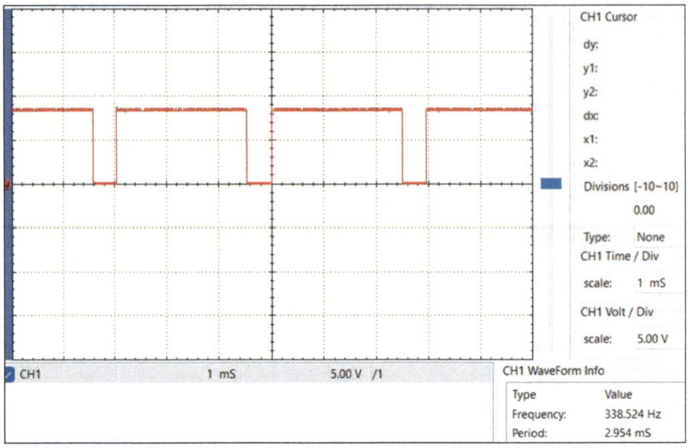

Abbildung 3.135: Ausgangswellenform mit dem Potentiometer am anderen Ende.

3.47.2 Projekt 49: Einfache britische Polizeisirene

Beschreibung: In diesem Projekt wird ein astabiles Schaltungssystem entworfen, das eine Ausgangsfrequenz von ungefähr 1 kHz erzeugt, ähnlich wie im vorherigen Projekt. Dieses Signal wird als quadratische Trägerwelle betrachtet. Ein Lautsprecher ist über einen Kondensator und ein Potentiometer mit dem Ausgang des 555-Timers verbunden. Das Potentiometer dient als Lautstärkeregler. Ein Sinuswellen-Eingangssignal wird an den Spannungskontrollpin angelegt. Das Sinuswellensignal moduliert die Trägerwelle, während sich seine Amplitude ändert, und infolgedessen ändert sich die Frequenz der Ausgangswellenform mit dem Verlauf der Sinuswelle. Das bedeutet, dass dies eine einfache FM-Modulationsschaltung ist, bei der die Ausgangsfrequenz in Bezug auf die Eingangs-Sinuswelle variiert. Das Ergebnis ist, dass der Ton im Lautsprecher ähnlich klingt wie eine britische Polizeisirene.

Komponentenliste

- 1× 555 Timer Chip
- 1× 68 kΩ Widerstand
- 1× 6.8 kΩ Widerstand
- 1× 10 kΩ Potentiometer
- 1× 8 Ω Lautsprecher
- 1× 10 µF Kondensator
- 2× 0.01 µF Kondensator
- 1× 9 V Batterie
- 1× Batterieclip
- 1× Breadboard

Schaltplan: Der 555-Timer wird im astabilen Modus mit einer Ausgangsfrequenz von etwa 1 kHz betrieben, wie im vorherigen Projekt. Abbildung 3.136 zeigt den Schaltplan des Projekts.

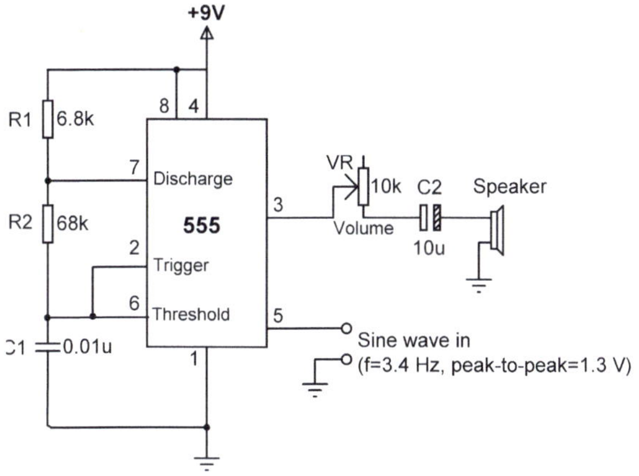

Abbildung 3.136: Schaltplan des Projekts.

Test: Wie in Abbildung 3.137 gezeigt, beträgt die Frequenz des sinusförmigen Eingangssignals 3,4 Hz, und die Spitzen-zu-Spitzen-Amplitude beträgt 1,3 V. Sie können mit verschiedenen Frequenzen und Amplituden experimentieren, um unterschiedliche Klangeffekte zu erzielen.

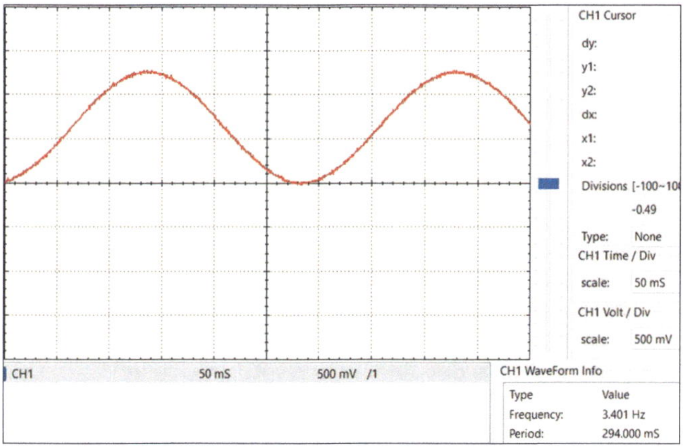

Abbildung 3.137: Eingangssinuswelle.

3.48 Projekt 50: Aufwendigere britische Polizeisirene

Beschreibung: Das im vorherigen Abschnitt beschriebene Projekt erfordert ein sinusförmiges Audiosignal, das an den Spannungskontrollpin des 555-Timers angelegt wird. Obwohl die Schaltung einfach ist, erfordert dies die Erzeugung eines sinusförmigen Audiosignals, was die Schaltung komplizierter macht. In diesem Projekt werden zwei 555-Timer verwendet, um einen sehr stabilen britischen Polizeisirenton in einen Lautsprecher zu erzeugen.

Design: Beide 555-Timer sind als astabile Schaltungen konfiguriert. Der erste astabile Multivibrator arbeitet bei einer sehr niedrigen Frequenz, und sein Ausgang moduliert die zweite astabile Schaltung, der bei einer höheren hörbaren Frequenz arbeitet.

Der erste 555

Für den ersten 555-Timer im astabilen Modus wurden die folgenden Komponenten gewählt:

- R1 = 56 kΩ
- R2 = 56 kΩ
- C1 = 10 µF

Eine Diode wird zwischen Pin 7 und 6 verwendet, damit ein 50%-Duty-Cycle aus der Schaltung ausgegeben wird. Mit Hilfe der Diode D1 wird der Kondensator über denselben Widerstand aufgeladen und entladen, was einen 50%-Duty-Cycle ergibt.

Mit den oben genannten Komponenten gilt:

$$T_{On} = T_{Off} = 0{,}693 \times R1 \times C1$$

Das ergibt:

$$0{,}693 \times 56 \times 10^{3} \times 10 \times 10^{-6} = 0{,}38 \text{ Sekunden.}$$

Somit beträgt die Periode 0,76 Sekunden, und die Frequenz ist f = 1 / 0,76 = 1,31 Hz.

Der zweite 555

Der zweite 555-Timer funktioniert wie eine standard-astabile Schaltung mit den folgenden Timing-Komponenten:

- R4 = 12 kΩ
- R5 = 12 kΩ
- C3 = 0,1 µF

Dies ergibt eine Frequenz von etwa 400 Hz, aber diese Frequenz wird durch zwei Töne über die Steuerungsspannung mit Hilfe des Widerstands R3 „moduliert".

Abbildung 3.138 zeigt den Betrieb der Schaltung als Blockdiagramm.

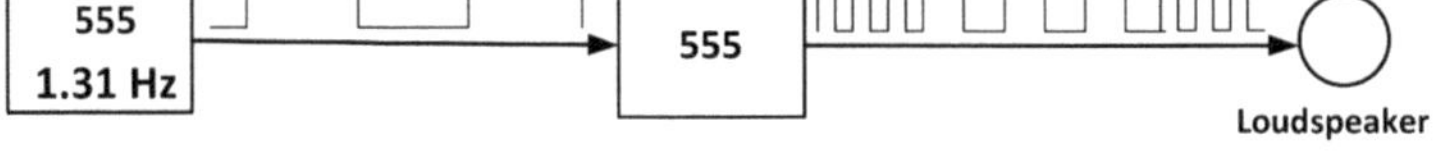

Abbildung 3.138: Betrieb der Schaltung.

Komponentenliste

- 2× 555 Timer Chip
- 2× 12 kΩ Widerstand
- 2× 56 kΩ Widerstand
- 1× 10 kΩ Potentiometer
- 1× 10 kΩ Widerstand
- 1× 8 Ω Lautsprecher

- 2× 10 µF Kondensator
- 1× 1N4148 Diode
- 2× 0.01 µF Kondensator
- 1× 9 V Batterie
- 1× Batterieclip
- 1× Breadboard

Schaltplan: Abbildung 3.139 zeigt den Schaltplan des Projekts. Beachten Sie, dass Sie die Werte von R1, R2 oder C1 ändern können, um die Modulationsfrequenz zu ändern. Das Ändern der Werte von R4, R5 oder C3 ändert die Grundfrequenz des Ausgangssignals.

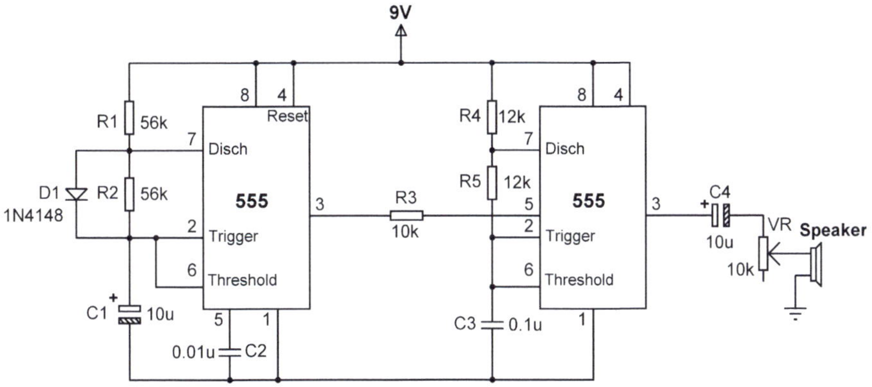

Abbildung 3.139: Schaltplan des Projekts.

Konstruktion: Abbildung 3.140 zeigt die Schaltung, die auf einem kleinen Breadboard aufgebaut wurde.

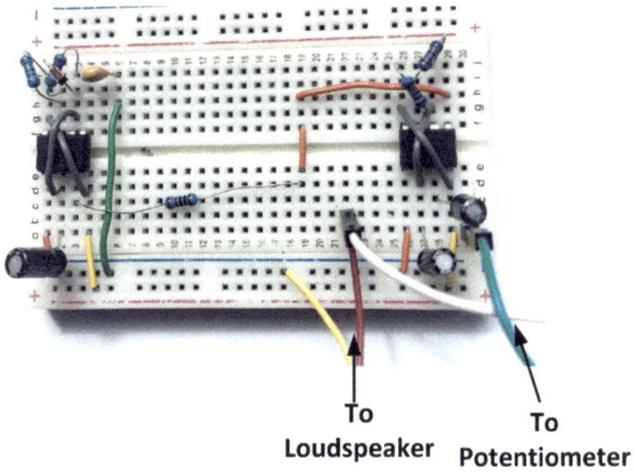

Abbildung 3.140: Schaltung auf einem Breadboard.

Test: Schließen Sie die Batterie an. Sie sollten die Polizeisirene im Lautsprecher hören. Passen Sie die Lautstärkeregelung nach Ihren Bedürfnissen an.

Kapitel 4 • 556 und 558 Timer ICs

4.1 Übersicht

Bisher haben Sie in diesem Buch in allen Projekten mit dem 555-Timer-IC gearbeitet. Im Gegensatz dazu besteht der Typ 556-Timer aus zwei Timers in einem einzigen Gehäuse, und der Typ 558 aus vier Timers in einem Gehäuse. In diesem Kapitel werfen wir einen kurzen Blick auf die Spezifikationen dieser Timer-ICs.

4.2 Der 556-Timer-IC

Der 556 besitzt ein 14-poliges Gehäuse und enthält zwei Timer. Abbildung 4.1 zeigt das Pin-Layout des 556-Timer-ICs. Der IC ist unter den Typbezeichnungen NA556, NE556, SA556, SE556 und anderen erhältlich. Die Funktionsweise jedes Timer-Schaltkreises im Inneren des 556 ist identisch mit der des 555.

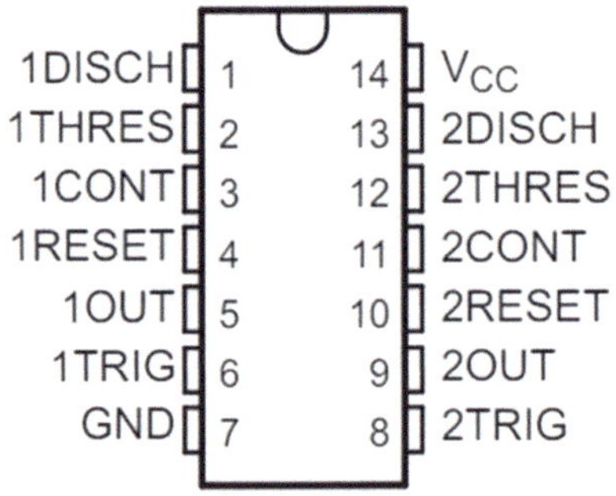

Abbildung 4.1: Der Typ 556 Dual Timer IC

Die grundlegenden Merkmale dieses Timer-ICs sind:

- Versorgungsspannung von 4,5 V bis 16 V
- Maximale Eingangsspannung entspricht der Versorgungsspannung
- TTL-kompatible Ausgänge für 5 V
- Ausgänge können bis zu 200 mA abgeben oder aufnehmen
- Typische Schwellenspannung 10 V (bei 15 V Versorgungsspannung)
- Typische Schwellenspannung 3,3 V (bei 5 V Versorgungsspannung)
- Typische Low-pegel-Ausgangsspannung 2 V (bei 15 V Versorgungsspannung)
- Typische Low-pegel-Ausgangsspannung 0,1 V (bei 5 V Versorgungsspannung)
- Typische High-pegel-Ausgangsspannung 13,3 V (bei 15 V Versorgungsspannung)
- Typische High-pegel-Ausgangsspannung 3,3 V (bei 5 V Versorgungsspannung)
- Typische Anstiegszeit des Ausgangs 100 ns

4.3 Der 558-Timer-IC

Der 558 ist ein Quad-Timer-Schaltkreis in einem 16-poligen Gehäuse. Abbildung 4.2 zeigt das Pin-Layout des 558-Timer-ICs.

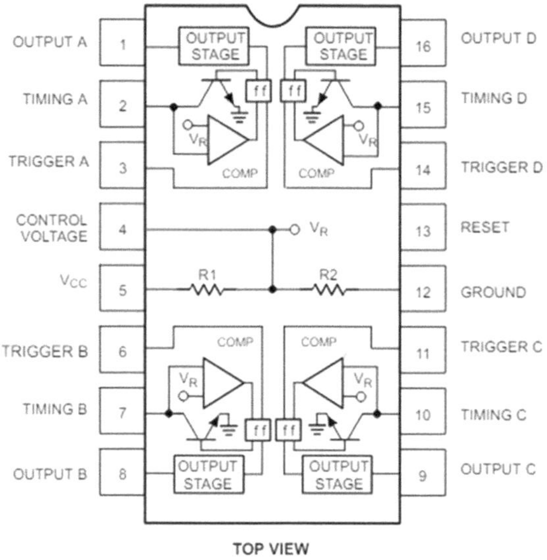

Abbildung 4.2: Der Typ 558 Quad Timer IC.

Die grundlegenden Merkmale des 558-Timer-ICs sind:

- Versorgungsspannung von 4,5 V bis 16 V
- 100 mA Ausgangsstrom pro Einheit
- 16 mA typische Versorgungsspannung
- Flankengetrieben
- Typische Anstiegszeit des Ausgangs 100 ns
- ±2 % Zeitgenauigkeit

Abbildung 4.3 zeigt das interne Blockdiagramm des 558-Timer-ICs. Die erforderlichen Zeiten werden für jeden Abschnitt mit einem Widerstand und einem Kondensator eingestellt. Zwei Abschnitte können für den astabilen Betrieb miteinander verbunden werden. Alle vier Abschnitte können in Reihe geschaltet werden, um sequenzielle Zeitmessanwendungen von mehreren Stunden durchzuführen. Es sind keine Kopplungskondensatoren erforderlich, wenn der Ausgang eines Timer-Abschnitts mit dem Eingang des nächsten verbunden wird. Die Ausgänge des 558 sind Open-Collector und benötigen Pull-Up-Widerstände zur Versorgungsspannung für einen ordnungsgemäßen Betrieb. Eine Rücksetzfunktion wurde bereitgestellt, um alle Abschnitte gleichzeitig auf einen niedrigen Ausgangszustand zurückzusetzen.

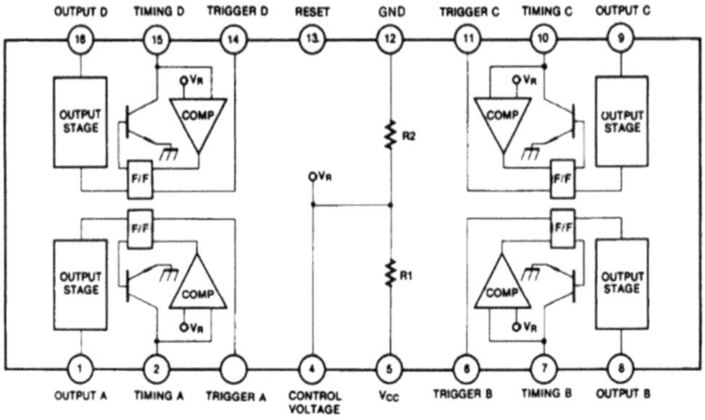

Abbildung 4.3: Internes Blockdiagramm des Typs 558.

Die Funktionsweise der 558-Untereinheiten unterscheidet sich von der Funktionsweise des standardmäßigen 555 und wird im Folgenden kurz beschrieben.

Monostabiler Betrieb

Im monostabilen Betriebsmodus ist es erforderlich, mindestens zwei externe Komponenten (den Widerstand und den Kondensator) für die Zeitmessung bereitzustellen. Die Zeitperiode entspricht dem Produkt von R und C. Es muss eine Ausgangslast vorhanden sein, um den Schaltkreis aufgrund der Ausgangsstruktur des 558 zu vervollständigen. Abbildung 4.4 zeigt die Verbindungen für den monostabilen Betrieb, wobei die Pulsdauer T = RC ist. Die Untereinheiten des 558 können kaskadiert werden, um längere Pulse zu erzeugen.

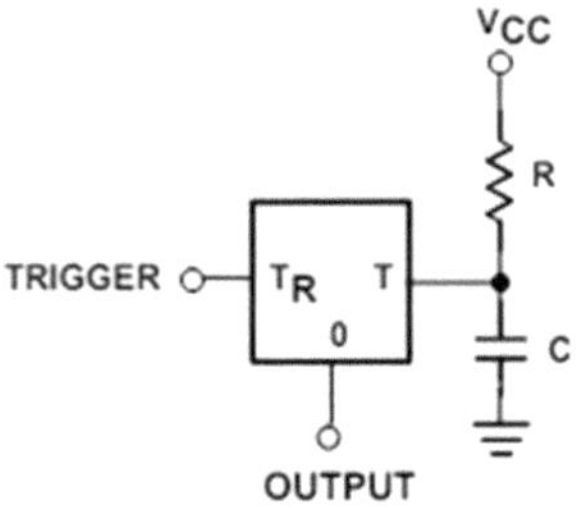

Abbildung 4.4: Typ 558 im monostabilen Betrieb.

Astabile Funktion

Für den astabilen Betrieb ist es wünschenswert, zwei Einheiten des 558-Quad über kreuz zu verdrahten. Die Ausgänge sind direkt mit dem gegenüberliegenden Trigger-Eingang verbunden. Der Schaltkreis besteht dann eigentlich aus zwei kreuzverdrahteten Monostabilen Multivibratoren. Es ist auch möglich, einen einzelnen Abschnitt als unpräzisen Rechteckgenerator zu verwenden. Das Tastverhältnis kann durch das Verhältnis von R1C1 zu R2C2 von fast null bis fast 100 % eingestellt werden. Ein astabiler Schaltkreis, der nur einen Timer verwendet, ist in Abbildung 4.5 dargestellt. Beachten Sie die Pull-Up-Widerstände an den Ausgängen.

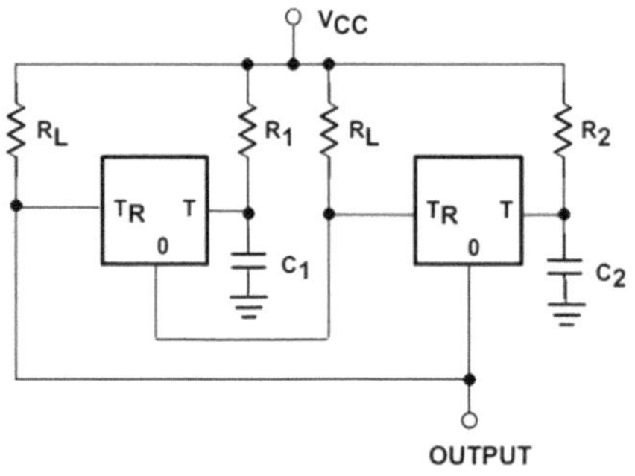

Abbildung 4.5: Typ 558 im astabilen Betrieb.

Kapitel 5 • Die CMOS-Version des 555 Timer

5.1 Übersicht

Der Standard-555-Timer basiert auf der Technologie von bipolaren Transistoren. Es gibt auch eine CMOS-Version dieses Timers, die unter den Markennamen LMC555 (Texas Instruments), TS555 (STMicroelectronics), ICM7555 (NXP) und anderen erhältlich ist. In diesem Kapitel werden wir die CMOS-Version kurz erkunden, indem Sie das LMC555-Gerät betrachten.

5.2 Der LMC555 CMOS-Timer

Zusätzlich zu den standardmäßigen SOIC-, VSSSOP- und PDIP-Gehäusen ist der LMC555 auch in einem chip-großen 8-Bump-DSBGA-Gehäuse erhältlich. Der LMC555 bietet die gleiche Fähigkeit, genaue Zeitverzögerungen und Frequenzen wie der LM555 zu erzeugen, jedoch mit deutlich geringerer Leistungsabgabe und Versorgungsspannungs-Spitzen. Wie beim Standard-555-Timer wird bei monostabiler Betriebsart die Zeitverzögerung durch einen einzelnen externen Widerstand und einen Kondensator gesteuert. Im astabilen Modus werden die Oszillationsfrequenz und das Tastverhältnis präzise durch zwei externe Widerstände und einen Kondensator eingestellt. Eine Leistungsabgabe von weniger als 0,2 mW kann bei einer Betriebsspannung von 1,5 V und weniger als 1 mW bei einer Betriebsspannung von 5 V erreicht werden.

Die grundlegenden Merkmale des LMC555-Timers sind:

- Versorgungsspannung von 1,5 V bis 15 V
- Ausgangsstrom 10 mA, maximaler Senkenstrom des Ausgangs 100 mA
- Typischer Versorgungsstrom 180 µA (bei 5 V Versorgung)
- Typische Low-pegel-Ausgangsspannung 0,3 V (bei 5 V Versorgung)
- Hochpegel-Ausgangsspannung 4,7 V (bei 5 V Versorgung)
- Astabile Frequenz von bis zu 3 MHz
- Typische Anstiegszeit des Ausgangs 15 ns
- Weniger als 1 mW Leistungsabgabe (bei 5 V Stromversorgung)
- Ausgang kompatibel mit TTL- und CMOS-Logik bei 5 V
- Reduzierte Versorgungsspannungsspitzen während der Ausgangsübergänge

Der LMC555 ist pin-zu-pin-kompatibel mit dem Standard-555-Timer und verwendet auch exakt dieselbe Zeitformel für sowohl monostabile als auch astabile Operationen. Tabelle 5.1 zeigt einen Vergleich des Standard-555-Timers und seiner LMC555-CMOS-Version.

	Standard 555	LMC555 CMOS
Stromaufnahme	15 mA	180 µA
Maximale Frequenz	1 MHz	3 MHz
Source-strom am Ausgang	200 mA	10 mA
Senkenstrom am Ausgang	200 mA	100 mA
Betriebsspannung	4.5 V to 16 V	1.5 V to 15 V
Spikes in der Versorgungsspannung	yes	no
Anstiegszeit am Ausgang	100 ns	15 ns

Table 5.1: Standard 555 Timer und LMC555 CMOS Version

Zusammenfassend lässt sich sagen, dass der LMC555 pin-kompatibel mit dem Standard-555 ist und funktional identisch ist. Einige elektrische Spezifikationen unterscheiden sich jedoch. Die CMOS-Version wird in tragbaren Anwendungen eingesetzt, in denen ein sehr geringer Stromverbrauch erforderlich ist. Außerdem kann der Ausgang der CMOS-Version keine Lasten direkt antreiben, die mehr als 10 mA Ausgangsstrom erfordern, ohne zusätzliche Schalttransistoren oder Relais zu verwenden.

Kapitel 6 • Liste der in den Projekten verwendeten Bauteile

Alle Bauteile sind bedrahtet und eignen sich für die Montage auf einem Standard-Breadboard.

Widerstände

- 1× 15 kΩ
- 1× 68 kΩ
- 2× 47 kΩ
- 1× 82 kΩ
- 1× 820 Ω
- 1× 8.2 kΩ
- 1× 820 kΩ
- 1× 1 MΩ
- 3× 10 kΩ
- 1× 1.8 kΩ
- 1× 6.8 kΩ
- 14× 2.2 kΩ
- 10× 680 Ω
- 1× 27 kΩ
- 1× 5.6 kΩ
- 1× 560 kΩ
- 1× 4.7 kΩ
- 1× 3,3 kΩ
- 3× 33 kΩ
- 1× 36 kΩ
- 2× 100 kΩ
- 5× 1 kΩ
- 1× 3.9 kΩ
- 2× 56 kΩ
- 2× 12 kΩ
- 1× 70 Ω
- 1× 10 kΩ Minitrimmer-Potentiometer
- 1× 1 MΩ Minitrimmer-Potentiometer
- 2× 22 kΩ Minitrimmer-Potentiometer
- 3× 15 kΩ Minitrimmer-Potentiometer
- 1× 8.2 kΩ Minitrimmer-Potentiometer
- 1× 6.8 kΩ Minitrimmer-Potentiometer
- 1× 50 kΩ Minitrimmer-Potentiometer
- 1× 100 kΩ Minitrimmer-Potentiometer
- 1× 47 kΩ Minitrimmer-Potentiometer

Kondensatoren

- 1× 1 µF Festkondensator
- 1× 1 nF
- 3× 10 nF

- 1× 100 nF
- 1× 10 µF elektrolytisch
- 2× 100 µF elektrolytisch
- 1× 20 nF
- 1× 50 nF
- 1× 25 nF
- 1× 22 µF elektrolytisch
- 1× 33 µF elektrolytisch
- 1× 0.33 µF Festkondensator

LEDs

- 10× 5 mm LED rot
- 10× 3 mm LED rot
- 3× 3 mm LED gelb
- 3× 3 mm LED grün
- 2× Common-Cathode 7-segment LED Display (1 enthalten)

Halbleiter

- 3× 555 Timer
- 1× CD4017 Counter
- 2× CD4026 Counter (1 enthalten)
- 1× CD4011 NAND Gatter
- 4× 1N4148 Diode
- 1× IRFZ46N MOSFET
- 1× Thermistor
- 1× Photowiderstand (LDR, Light Dependent Resistor)

Verschiedenes

- 1× Passiver Buzzer
- 1× Aktiver Buzzer
- 1× SG90 Servo
- 1× 8 Ω Minilautsprecher
- 1× 9 V DC Bürstenmotor
- 7× Druckschalter
- 1× 5 V Relais
- 1× Breadboard
- 1× 9 V Batterieclip
- Ca. 15 Breadboard und Verbindungsdrähte

APPENDIX • Bibliographie

Im Folgenden finden Sie eine Liste von Websites für Leser, die an weiteren Informationen für Projekte mit dem 555-Timer interessiert sind.

- https://en.wikipedia.org/wiki/555_timer_IC
- https://static.hlt.bme.hu/semantics/external/pages/Schmitt-trigger/en.wikipedia.org/wiki/555_timer.html
- https://en.wikibooks.org/wiki/Practical_Electronics/Astables/555
- https://www.electronicsforu.com/technology-trends/learn-electronics/555-timer-working-specifications
- https://www.instructables.com/555-Timer-Projects/
- https://circuitdigest.com/555-timer-circuits
- https://www.555-timer-circuits.com/
- https://www.build-electronic-circuits.com/555-timer/
- https://36projectsblog.wordpress.com/8-breadboard-555-timers/
- https://www.homemade-circuits.com/best-ic-555-circuits-and-projects/
- https://techatronic.com/category/555-ic-project/
- https://www.pinterest.co.uk/circuitsdiy/555-timer-circuits/
- https://www.elprocus.com/555-timer-circuits-for-engineering-students/
- https://www.pinterest.co.uk/circuitsdiy/555-timer-projects/
- https://www.electroschematics.com/category/555-circuits/
- https://hackaday.io/projects?tag=555%20timer
- https://easyelectronicsproject.com/tag/555/
- https://makezine.com/article/technology/555-timer-weekend-projects/
- https://320volt.com/en/projects/555-timer-circuits/
- https://www.circuitstoday.com/555-timer-circuits-projects#google_vignette
- https://www.circuits-diy.com/top-10-easy-electronics-projects-using-ne555-timer-ic-for-beginners/

Index

7-Segment-Treiber-IC 101
8-Bump-DSBGA-Gehäuse 138
8-Pin-Plastik-DIP 11
555-Konfigurationen 29

A

Abschaltverzögerungsschaltung 45
astabilen Oszillator 16
astabilen Schaltkreis 18
astabiler Multivibrator 109

B

Binärzähler-ICs 60
Bistabilen Modus 79

C

CD4017 61
CD4017-Zählerchip 62
CLK/10 61
Clock-Eingang 61
CMOS-Geräte 77
Common-Anode-Konfiguration 103

D

Dioden-ODER-Gatter 71

E

Eingangstaktes 61
Einschaltdauer 15

F

Flip-Flop 14
FM-Modulationsschaltung 130
Frequenz der Schwingung 16
Fritzing-Diagramm 39

G

Gleichstrommotoren 122

H

H-Brücke 122

I

IEC 6LR22 34

K

Komparator-Schaltungen 13
Kondensator-Tiefpassfilter-Schaltung 74
Kühlkörpe 30

L

LDR 49
Leckströme 60
Lichtsequenz 72
Liefermodus 30
LMC555 138
Logik-Eingangs 77
Low-Pegel-Triggerimpuls 80
LTspice-Simulator 20

M

Modulationsfrequenz 133
Monostabile Genauigkeit 11
monostabilen Betriebsmodus 136
Monostabiler Schaltkreis 26
MOSFET-Transistor 31
Motordrehrichtung 122
Motoren 30

N

NA556 134
NAND-Gattern 111
NE555P-Chip 10
Nomogramm 16
NPN-Transistor 30
NTC-Thermistoren 119

O

ODER-Gattern 70
Online-Astabile-Rechners 110
Open-Collector 135
Oszilloskop 92

P

PDIP-Gehäusen 138
Pull-up-Widerstand 27
Puls-Generator-Schaltung 26
Pulsweitenmodulation 112
PWM-Schaltfrequenz 113

R

RC-Komponenten 26
RC-Kreis 14
R-C-Tiefpassfilters 74
RC-Zeitnetzwerk 28
Rechteckgenerator 136
Relais 31
Reset-Eingang 51
Reset-Spannung 52

S

SA556 134
Schmitt-Trigger-Schaltungen 85
Schwellenwert 122
Schwellenwert-Eingang 78
SG90 Servos 116
Signetics 8
Sinuswelle 75
Sinuswellen-Eingangssignal 130
Spannungsverdopplers 100
SPDT-Schalters 67
Squaring Circuits 85
SR-Flip-Flop 13
Stromquelle-Modus 59
Stromsenken-Modus 36

T

Tastgrad 15
Tastverhältnis 15
Texas Instruments 10
Threshold 29
Threshold-Pin 42
Timing-Kondensatoren 94
Timing-Widerstand 48
Trigger-Eingangs 26
Trigger-Pin 42
Triggerpuls 27
TTL-Geräte 77

V

VSSSOP 138

X

XLITX Technology 104